**Push your Career  Publish your Thesis**

Science should be accessible to everybody. Share the knowledge, the ideas, and the passion about your research. Give your part of the infinite amount of scientific research possibilities a finite frame.

Publish your examination paper, diploma thesis, bachelor thesis, master thesis, dissertation, or habilitation treatises in form of a book.

A finite frame by infinite science.

An Imprint of
Infinite Science GmbH
MFC 1 | Technikzentrum Lübeck
BioMedTec Wissenschaftscampus
Maria-Goeppert-Straße 1
23562 Lübeck
book@infinite-science.de
www.infinite-science.de

## Herausgeberin

**Kerstin Lüdtke-Buzug**
Institute of Medical Engineering
University of Lübeck
luedtke-buzug@imt.uni-luebeck.de

## Reihe: Medizinische Ingenieurwissenschaft und Biomedizintechnik

Diese Reihe umfasst Werke der Medizinischen Ingenieurwissenschaft und Biomedizintechnik, deren Themen strategisch unter den Zukunftstechnologien mit hohem Innovationspotenzial anzusiedeln sind. Als wesentliche Trends dieser Forschungsgebiete, sind die Schlüsselbereiche Computerisierung, Miniaturisierung und Molekularisierung zu nennen. Bei der Computerisierung sind dabei die inhaltlichen Schwerpunkte beispielsweise in der Bildgebung und Bildverarbeitung gegeben. Die Miniaturisierung spielt unter anderem bei intelligenten Implantaten, der minimalinvasiven Chirurgie aber auch bei der Entwicklung von neuen nanostrukturierten Materialien eine wichtige Rolle, und die Molekularisierung ist in der regenerativen Medizin aber auch im Rahmen der sogenannten molekularen Bildgebung ein entscheidender Aspekt. Forschungs- und Entwicklungspotenzial werden auch der Biophotonik und der minimal-invasiven Chirurgie unter Berücksichtigung der Robotik und Navigation zugeschrieben. Querschnittstechnologien wie die Mikrosystemtechnik, optische Technologien, Softwaresysteme und Wissenstechnologien sind dabei von hohem Interesse.

**Inga Christine Kuschnerus**

**Herstellung und Charakterisierung superparamagnetischer Lacke**

*Medizinische Ingenieurwissenschaft und Biomedizintechnik — Band 3*

Herausgeberin: Kerstin Lüdtke-Buzug

© 2015 Infinite Science Publishing
der BioMedTec Wissenschaftsverlag Lübeck

Ein Imprint der Infinite Science GmbH,
MFC 1 | BioMedTec Wissenschaftscampus
Maria-Goeppert-Straße 1
23562 Lübeck

Umschlaggestaltung, Illustration: Uli Schmidts, metonym
Lektorat: Universität zu Lübeck, Institut für Medizintechnik

Verlag: Infinite Science GmbH, Lübeck, www.infinite-science.de
Druck: Books on Demand GmbH, Norderstedt

ISBN Paperback: 978-3-945954-04-1

Das Werk, einschließlich seiner Teile, ist urheberrechtlich geschützt. Jede Verwertung ist ohne Zustimmung des Verlages und des Autors unzulässig. Dies gilt insbesondere für die elektronische oder sonstige Vervielfältigung, Bearbeitung, Übersetzung, Mikroverfilmung, Verbreitung und öffentliche Zugänglichmachung sowie die Einspeicherung und Verarbeitung in elektronischen Systemen.

Die Wiedergabe von Gebrauchsnamen, Handelsnamen, Warenbezeichnungen usw. in dieser Publikation berechtigt auch ohne besondere Kennzeichnung nicht zu der Annahme, dass solche Namen im Sinne der Warenzeichen- und Markenschutz-Gesetzgebung als frei zu betrachten wären und daher von jedermann verwendet werden dürften.

Bibliografische Information der Deutschen Nationalbibliothek:
Die Deutsche Nationalbibliothek verzeichnet diese Publikation in der Deutschen Nationalbibliografie; detaillierte bibliografische Daten sind im Internet über http://dnb.d-nb.de abrufbar.

# Kurzfassung

Magnetic Particle Imaging (MPI) ist ein neuartiges bildgebendes Verfahren, welches das erste Mal 2005 veröffentlicht wurde [10]. Seitdem wird diesem Verfahren ein großes Potential in der medizinischen Anwendung zugeschrieben. Die für das MPI bereits als Tracer verwendeten superparamagnetischen Eisenoxidnanopartikel (SPIONs) in Verbindung mit verschiedenen Polymeren sollen dieses Potential erweitern. Polymere wie Polyethylen und Polyurethan könnten in Form von Lacken in Verbindung mit SPIONs als Coatings für medizinische Geräte dienen, oder in direkter Kombination zur Herstellung von Operationsbesteck [20]. Dies wäre von großem Interesse, da das Verfahren eine hohe Sensitivität bei gleichzeitiger hoher räumlicher Auflösung und dreidimensionale Aufnahmen in Echtzeit bietet, gleichzeitig aber keine ionisierende Strahlung verwendet. In Rahmen dieser Arbeit sollen daher verschiedene superparamagnetische Coatings hergestellt, untersucht und charakterisiert werden. Abschließend wird versucht, SPIONs direkt mit Polymeren zu kombinieren und daraus MPI-kompatible Modelle herzustellen.

# Abstract

Magnetic Particle Imaging (MPI) is a new imaging method which was first published in 2005 [10]. Since then, MPI is handled as key technology with great potential in medical application. The SPIONs which are already used as a tracer in MPI, combined with various polymers shall enhance this potential. Polymers such as polyethylene and polyurethane together with SPIONs could be used as coatings for medical devices, or in direct combination for the production of surgical instruments [20]. This would be of great interest, since the method provides high sensitivity with simultaneous high spatial resolution and three-dimensional imaging in real time, without using ionizing radiation at the same time. Therefore, in this thesis various superparamagnetic coatings are developed, tested and characterized. Also, an attempt to combine SPIONs and polymers directly is made to produce MPI-compatible models.

# Inhaltsverzeichnis

1. **Einleitung und Motivation**   1
   1.1. Aufbau der Arbeit . . . . . . . . . . . . . . . . . . . . . . . 2

2. **Grundlagen**   3
   2.1. Magnetismus . . . . . . . . . . . . . . . . . . . . . . . . . . 3
       2.1.1. Superparamagnetismus . . . . . . . . . . . . . . . . . 6
   2.2. Superparamagnetische Eisenoxidnanopartikel (SPIONs) . . . . 7
   2.3. Magnetic Particle Imaging (MPI) . . . . . . . . . . . . . . . 8
   2.4. Magnetische Partikelspektroskopie (MPS) . . . . . . . . . . . 11
   2.5. Rasterkraftmikroskopie (AFM) . . . . . . . . . . . . . . . . 12
   2.6. Polymere und Lacke . . . . . . . . . . . . . . . . . . . . . . 13
       2.6.1. Polyurethan (PU) . . . . . . . . . . . . . . . . . . . . 15

3. **Material und Methoden**   17
   3.1. Material . . . . . . . . . . . . . . . . . . . . . . . . . . . . 17
       3.1.1. Lacke für Coatings und Polymere . . . . . . . . . . . . 17
       3.1.2. SPIONs für Coatings und Polymere . . . . . . . . . . 18
       3.1.3. Geräte und Laborzubehör . . . . . . . . . . . . . . . 19
   3.2. Methoden . . . . . . . . . . . . . . . . . . . . . . . . . . . . 19
       3.2.1. MPS-Messungen mit Folien . . . . . . . . . . . . . . . 20
       3.2.2. Untersuchung der Haftung und Oberflächenbeschaffenheit . . . . 21
       3.2.3. MPI-Messungen mit Schläuchen . . . . . . . . . . . . 21
       3.2.4. Gießen von Vulkollan®-Schläuchen . . . . . . . . . . 24

4. **Ergebnisse**   27
   4.1. Auswertung der Messdaten . . . . . . . . . . . . . . . . . . 27
       4.1.1. Kontrolle der Haftung und Oberflächenstruktur . . . . . . . . 27
       4.1.2. Charakterisierung durch MPS . . . . . . . . . . . . . . 32
       4.1.3. Charakterisierung durch MPI . . . . . . . . . . . . . . 39
   4.2. Vergleich und Bewertung der Messdaten . . . . . . . . . . . 41

5. **Fazit und Ausblick**   45

**Literaturverzeichnis**     **47**

**Anhang**     **49**

**A. Tabellen**     **51**
   A.1. Lacke für Coatings . . . . . . . . . . . . . . . . . . . . . . . . . . . 51
   A.2. Polymere . . . . . . . . . . . . . . . . . . . . . . . . . . . . . . . . . 52
   A.3. Laborzubehör . . . . . . . . . . . . . . . . . . . . . . . . . . . . . . 53
   A.4. Trockenzeit der Coatings . . . . . . . . . . . . . . . . . . . . . . . . 54
   A.5. Haftungs-Bewertungsskala der Coatings . . . . . . . . . . . . . . . . 54

**B. Technische Zeichnungen**     **55**
   B.1. Bauelement 1 (Linke Seite des inneren Zylinders) . . . . . . . . . . . 55
   B.2. Bauelement 2 (Rechte Seite des inneren Zylinders) . . . . . . . . . . 56
   B.3. Bauelement 3 (Äußerer Zylinder) . . . . . . . . . . . . . . . . . . . 57
   B.4. Bauelement 4 (Innenstift) . . . . . . . . . . . . . . . . . . . . . . . 58
   B.5. Bauelement 5 (Deckel) . . . . . . . . . . . . . . . . . . . . . . . . . 59

# 1
# Einleitung und Motivation

Aktuell werden in der Medizintechnik verschiedenste bildgebende Verfahren für die unterschiedlichsten Situationen verwendet. MPI gehört dabei zu den jüngeren Bildgebungsverfahren und misst im Wesentlichen die räumliche Verteilung von superparamagnetischen Eisenoxidnanopartikel (SPIONs) [5]. Da die technologische Entwicklung noch nicht vollständig abgeschlossen ist, ist MPI allerdings noch nicht im klinischen Alltag etabliert worden. Dennoch wird das Potential der medizinischen Anwendungen von MPI als sehr hoch angesehen. Die hierfür relevanten SPIONs werden bereits als Kontrastmittel für MRT-Aufnahmen verwendet. Eine interessante medizinische Anwendung in Zusammenhang mit MPI und den SPIONs ist zum Beispiel die Wächterlymphknotenbiopsie bzw. Sentinel-Lymph-Node-Biopsy (SLNB) [18]. Bei dieser Untersuchungs- und Behandlungsmethode des Mammakarzinoms sollen unter anderem die radioaktiven Tracer durch die nichtionisierenden SPIONs ersetzt und somit die Gesundheitsgefährdung des medizinischen Personals und der Patienten reduziert werden. Ein weiterer Ansatz in der medizinischen Anwendung könnte neben dem Einsatz als Tracer auch der als Coating für medizinische Geräte sein. Dabei wäre vor allem der Einsatz bei Kathetern und Stents interessant. Aktuell wird in den Katheterlaboren das Einsetzen mit Digitaler Subtraktionsangiographie (DSA) unter Röntgenstrahlung überwacht. Wegen der Gefährdung durch die ionisierende Strahlung sind jedoch permanente Aufnahmen nicht möglich [5]. Gelingt es Katheter und Stents oder auch Endoskope mit SPIONs zu beschichten, könnten diese unter Beobachtung durch MPI eingesetzt werden. Des Weiteren würden chirurgische Instrumente, hergestellt aus einer direkten Kombination von Kunststoffen und SPIONs, Operationen unter MPI-Kontrolle ermöglichen. Aktuell werden zwar bestimmte Operationen mit Computertomographie oder Röntgengeräten überwacht, wobei aber wieder die ionisierende Strahlung für Patient und medizinisches Personal zu belastend ist, um eine permanente bildgebende Kontrolle zu gewährleisten.

Das erste Ziel dieser Arbeit ist es daher, Coatings zur Beschichtung von medizinischen Geräten herzustellen und sie in Bezug auf ihre Eignung für MPI zu charakterisieren. Hierfür werden die superparamagnetischen Partikellösungen in unterschiedliche Lacke gebracht und die Magnetisierung mit Hilfe der Magnetischen Partikelspektroskopie (MPS) sowie mikroskopisch untersucht. Dabei ist vor allem eine homogene Verteilung der Partikel in den Suspensionen sehr wichtig. Ein Schwerpunkt soll auch die Untersuchung der verschiedenen Lacke als Grundmaterial für die Coatings und die Auswahl der verschiedenen Trägermaterialien sein. Als zweites Ziel sollen die SPIONs direkt in Kunststoff eingebunden werden, was erstmals in [20] vorgestellt wurde, um daraus Modelle für Katheter oder Instrumenten-Aufsätze herzustellen.

## 1.1. Aufbau der Arbeit

Insgesamt ist die Arbeit in fünf Kapitel unterteilt. Beginnend mit der Einleitung im ersten Kapitel, folgen im zweiten Kapitel die physikalischen und chemischen Grundlagen, die zum allgemeinen Verständnis der Versuche dienen sollen. Im Vordergrund stehen dabei besonders die physikalischen Eigenschaften der für MPI relevanten superparamagnetischen Eisenoxidnanopartikel (SPIONs) und die chemischen Eigenschaften der als Trägermaterial verwendeten Kunststoffe. Das dritte Kapitel geht näher auf die für die Versuche benutzen Materialien ein und beschreibt die Methodik der Versuchsdurchführung. Im vierten Kapitel werden die Ergebnisse der Versuche vorgestellt und anschließend verglichen. Das fünfte Kapitel fasst die Ergebnisse zusammen und bietet einen Ausblick für weitere Versuchsansätze und Verbesserungen der Methodik.

# 2
# Grundlagen

In diesem Kapitel werden die für diese Bachelorarbeit wichtigen physikalischen und chemischen Grundlagen beschrieben. Als erstes wird der Magnetismus, insbesondere der Superparamagnetismus vorgestellt, woraufhin der chemische Aufbau und die Herstellung der für das Magnetic Particle Imaging Verfahren wichtigen superparamagnetischen Nanopartikel beschrieben wird. Des Weiteren werden die wichtigsten physikalischen Prozesse des Magnetic Particle Imaging (MPI), die Magnetische Partikelspektroskopie (MPS) und die Rasterkraftmikroskopie (AFM) geschildert, da diese Verfahren zur Auswertung der Versuchsergebnisse benutzt wurden. Abschließend wird auf die chemischen Eigenschaften der für diese Arbeit relevanten Polymere und Lacke eingegangen, die bei der Synthese von Kunststoffen mit Nanopartikeln bzw. der Herstellung von Coatings benutzt wurden.

## 2.1. Magnetismus

Um ein Grundverständnis für das Verhalten der superparamagnetischen Eisenoxidnanopartikel (SPIONs) zu gewähren, die ein Kernelement dieser Arbeit sind, soll dieser Abschnitt einen Einblick in das physikalische Phänomen des Magnetismus geben. Magnetismus wird definiert als Kraftwirkung zwischen Magneten oder magnetisierten Stoffen und ist als Teil des Elektromagnetismus eine der Grundkräfte der Physik. Als Magnet bezeichnet man einen stromdurchflossenen Leiter oder einen Werkstoff mit speziell ausgerichteten atomaren Elektronenströmen. Die Wirkung der Kraft des Magneten kann durch das magnetische Feld beschrieben werden. Dieses hat seinen Ursprung in den elektrischen Strömen oder Permanentmagneten. Die Richtung der Ströme bestimmt auch die Richtung der magnetischen Kraft, wobei diese senkrecht zur Stromrichtung verläuft. Charakteristisch für einen Magneten sind seine Pole, Nord- und Südpol, und ihr Verhalten, denn gleiche Pole stoßen sich ab und unterschiedliche Pole ziehen sich an. Außerhalb des Magneten laufen magnetischen Feldlinien vom Nordpol zum Südpol [12]. Die magnetischen Pole besitzen Ähnlichkeiten zu elektrischen Ladungen, ein gravierender Unterschied ist jedoch, dass die Pole immer nur paarweise auftreten. Die Existenz von magnetischen Monopolen wurde bis heute nicht bewiesen. Teilt man beispielsweise einen Stabmagneten in der Mitte, entstehen an den Enden der Hälften wieder neue Pole. Wie die Pole besitzen die magnetischen Feldlinien ein Analogon, die elektrischen Feldlinien. Dabei beschreibt die Richtung der magnetischen Feldlinien die Richtung des Feldes, die Dichte, die Feldstärke und die Tangenten an den Feldlinien die Kraftrichtung. Die Kraftwirkung ist immer eindeutig, d.h. die Feldlinien schneiden sich nicht. Anders als ihr Analogon, sind die magnetischen Feldlinien in sich geschlossen, sie haben also kein Anfang und kein Ende [28].

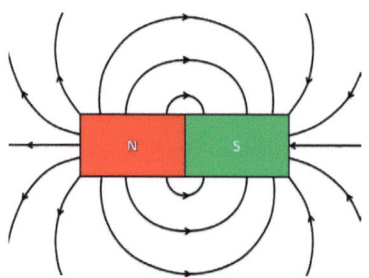

Abbildung 2.1.: Stabmagnet mit Polen und magnetischen Feldlinien. Diese verlaufen außerhalb des Magneten immer vom Nordpol zum Südpol und sind in sich geschlossen (nach [12])

Alle Eigenschaften eines Magneten und seine unterschiedlichen Wirkungen stehen in Zusammenhang zueinander. So kann beispielsweise die magnetische Kraft auf einer bewegten Ladung, die sogenannte Lorentzkraft durch

$$\mathbf{F_L} = q(\mathbf{v} \times \mathbf{B}) \tag{2.1}$$

dargestellt werden, mit $\mathbf{F_L}$ als Kraft, $q$ als elektrische Ladung, $\mathbf{v}$ als Ladungsgeschwindigkeit und $\mathbf{B}$ als magnetische Flussdichte. Die Kraft steht also senkrecht auf $\mathbf{v}$ und $\mathbf{B}$, außerdem ist sie proportional zu $\mathbf{v}$, $\mathbf{B}$ und $q$. Die Richtung von $q(\mathbf{v} \times \mathbf{B})$ ergibt sich aus der Rechten-Hand-Regel [28]. Über die magnetische Flussdichte $\mathbf{B}$, mit der Einheit Tesla, kann nicht nur die Lorentzkraft, sondern auch die magnetische Feldstärke $\mathbf{H}$ mit

$$\mathbf{B} = \mu_0 \mathbf{H} \tag{2.2}$$

in Zusammenhang gebracht werden [9]. $\mu_0$ ist die magnetische Feldkonstante und hat den Wert $4\pi * 10^{-7}$ V s A$^{-1}$ m$^{-1}$. Wenn Magnetfelder durch Strom erzeugt werden, lässt sich der Zusammenhang zwischen der Stromdichte $j = I/A$ (wobei I die Stromstärke ist und A die zur Verfügung stehende Querschnittsfläche) und $\mathbf{H}$ über das Ampère'sche Gesetz

$$\Theta = \oint \mathbf{H} \, ds = \int_A j \, dA = \sum_{i=1}^{n} I_i \tag{2.3}$$

darstellen. Es beschreibt, dass das Integral von **H** entlang der geschlossenen Umlauflinien gleichzusetzen ist mit dem Strom, der durch die gesamte Fläche fließt. Daher hat **H** die Einheit $1\,\text{A}\,\text{m}^{-1}$. Existieren mehrere Ströme, überlagern sich ihre Magnetfelder. Gibt es keinen Strom, ist $j = 0$, d.h. auch das Integral ist Null. Mit dem Ampère'schen Gesetz kann also das magnetische Feld jedes beliebig verlaufenden Leiters, der einen Strom führt, berechnet werden [12]. Mit der Flussdichte **B** kann unter anderem auch das magnetische Verhalten mit

$$\mathbf{B} = \mu_0(\mathbf{H} + \mathbf{M}) \tag{2.4}$$

beschrieben werden. Dabei ist **M** die Magnetisierung, welche eine zusätzliche Erregung darstellt. Sie wird hervorgerufen durch Kreisströme in der Materie. Bei einem Permanentmagneten hingegen existiert **M** immer. Bei anderen Festkörpern, die erst durch ein äußeres Magnetfeld magnetisch werden, ist **M** definiert durch

$$\mathbf{M} = \chi_m \mathbf{H} \tag{2.5}$$

wobei $\chi_m$ die magnetische Suszeptibilität ist. Diese ist ein Maß für die Wechselwirkung des Stoffes mit einem äußeren Magnetfeld. Zieht man die relative Permeabilität $\mu_r$ hinzu, ergibt sich mit

$$\mathbf{B} = \mu_0(\mathbf{H} + \mathbf{M}) = \mu_0 \mu_r \mathbf{H} = \mu \mathbf{H} \tag{2.6}$$

das sogenannte Materialgesetz. Die Magnetisierung **M** lässt sich auch durch das magnetische Dipolmoment $\mathbf{m}_d$ darstellen, welches im Volumen einen Festkörpers entsteht, der durch Polarisation auf ein Magnetfeld reagiert [22]. Daraus folgt dann

$$\mathbf{M} = \mathbf{m}_d \times \mathbf{H}. \tag{2.7}$$

Je nachdem wie sich die magnetischen Dipolmomente im Festkörper ausrichten und abhängig von der relativen Permeabilität $\mu_r$ und der magnetischen Suszeptibilität $\chi_m$ lassen sich fünf unterschiedliche Formen des Magnetismus einteilen: der Diamagnetismus, Paramagnetismus, Ferromagnetismus, Ferrimagnetismus und Antiferromagnetismus. Für diese Arbeit und das Verständnis des superparamagnetischen Phänomens sind vor allem zwei dieser Formen von Bedeutung:

1. Paramagnetismus: Hier ist $\chi_m > 0$ und $\mu_r > 1$. Paramagnetismus tritt nur in den Stoffen auf, die ungepaarte Elektronen besitzen und deren Atome bzw. Moleküle ein magnetisches Moment aufweisen. Ursachen dafür sind der Eigendrehimpuls, oder Spin, sowie Bahndrehimpuls der Elektronen bei ihrer Bewegung um den Atomkern. Die Magnetisierung wird mit steigender Temperatur schwächer. Die magnetischen Dipolmomente sind regellos verteilt und voneinander isoliert. Durch ein äußeres Magnetfeld richten sich die Momente in dessen Richtung aus und verstärken es. Entfernt man dieses jedoch, kommt es aufgrund der thermischen Bewegung der Teilchen zum Zusammenbruch des inneren Magnetfeldes. Aus dem gleichen Grund wird die Magnetisierung mit steigender Temperatur schwächer [9].

2. Ferromagnetismus: Hier ist $\chi_m > 0$ und $\mu_r \gg 1$. Ferromagenten sind Permanentmagneten, dementsprechend bleibt die Magnetisierung bis zum Erreichen der

Curie-Temperatur erhalten. Ursache dafür sind unaufgefüllte innere Elektronenschalen. Daraus entwickeln sich Elementarmagneten mit eigenem Magnetfeld. Diese wiederum bilden begrenzte Bezirke mit einer gleichen Ausrichtung ihrer Dipolmomente, die Weiss'schen Bezirke. Diese Bezirke sowie ihre Ausrichtung sind statistisch verteilt, daher erscheint der Gesamtkörper nicht magnetisch. Erst nach dem Anlegen eines äußeren Magnetfeldes richten sich die Weiss'schen Bezirke gleich aus, der Körper wird magnetisch. Wird das äußere Magnetfeld abgeschaltet, behält der Körper eine Restmagnetisierung oder Remanenz. Man unterscheidet dabei zwischen weichmagnetischen Metallen, bei denen die Remanenz recht niedrig ist, und hartmagnetischen Metallen, bei denen die Remanenz so hoch ist, dass sie als Permanentmagneten verwendet werden [12], [9]. Bei Ferromagneten ist die Beziehung **B** und **H** nichtlinear und kann durch eine Magnetisierungskennlinie oder Hystereschleife dargestellt werden. Dabei wird das Magnetisierungsverhalten in einem Koordinatenkreuz gegen **H** auf der x-Achse und **B** auf der y-Achse aufgetragen [22].

### 2.1.1. Superparamagnetismus

Superparamagnetismus beschreibt sehr kleine ferromagnetische Teilchen in einer Flüssigkeit, die bei Zimmertemperatur das gleiche Verhalten eines Paramagneten bei sehr tiefen Temperaturen aufweisen. Das bedeutet, wenn das Magnetfeld wirkt, halten die Teilchen auch unterhalb der Curie-Temperatur die Magnetisierung nicht aufrecht [24]. Oberhalb der Curie-Temperatur gehen diese Teilchen in einen echten paramagnetischen Zustand über. Unterhalb der Curie-Temperatur ist der Zustand durch die sogenannte Blocking-Temperatur begrenzt, d.h. unter dieser Grenze besitzen die einzelnen Partikel nicht mehr genug thermische Energie, um spontan ihre Magnetisierungsrichtung zu ändern. Daher gibt es in diesem Bereich keine Remanenz und keine Hystereseschleife (siehe Abbildung 2.2.). Der superparamagnetische Effekt bevorzugt eine geringe magnetische Anisotropie, also ein geringes Vorliegen einer magnetischen Vorzugsrichtung- bzw. ebene.

Das superparamagnetische Phänomen lässt sich so beschreiben, dass die magnetisierten ferromagnetischen, in Flüssigkeit gelagerten Teilchen durch Drehung leicht die Richtung ihrer Magnetisierung ändern. Dies ist eine Ähnlichkeit zu paramagnetischen Atomen oder Molekülen in Festkörpern, jedoch ist hier das magnetische Moment $m_d$ viel stärker als bei den paramagnetischen Teilchen. Um den superparamagnetischen Effekt zu erzeugen, wird der ferromagnetische Stoff, meist Magnetit, gemahlen oder durch andere Verfahren pulverisiert, bis sehr kleine Körnchen entstehen. Die Pulverisierung wird so lange vollzogen bis ein Weiss'scher-Bezirk das ganze Korn ausfüllt, so dass es zum Paramagneten wird. Ein Zusammenflocken von aufeinandertreffenden Körnern durch Van-der-Waals-Kräfte wird durch einen sogenannten grenzflächenaktiven Stoff, beispielsweise Ölsäure, verhindert [24]. Somit wird für einen bestimmten Abstand zwischen den Körnchen gesorgt.

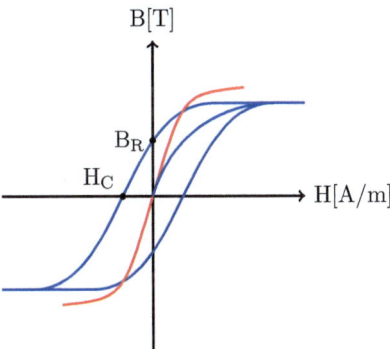

Abbildung 2.2.: Die rote Linie zeigt die Magnetisierungskurve eines superparamagnetischen Materials, die blaue Linie, die Hystereseschleife eines Ferromagneten. $H_C$ ist die Koerzitivfeldstärke und $B_R$ die Remanenz. Die Remanenz bei Rot ist Null. (nach [27])

Anschließend werden die nun paramagnetischen Teilchen in eine geeignete Flüssigkeit gegeben, in der sie sich leicht drehen können. Beim Einschalten eines Magnetfeldes stellen sich die Teilchen nun leicht parallel aus. Beim Ausschalten kommt es zum sofortigen Abbruch der Magnetisierung, d.h. die magnetischen Momente werden durch die Brown'sche Molekularbewegung der einzelnen Partikel räumlich gleichmäßig verteilt. Dies bedeutet, dass sich die magnetische Ausrichtung durch ein äußeres Magnetfeld frei einstellen lässt. Das superparamagnetische Verhalten mit seiner nichtlineare Magnetisierungsdynamik lässt sich anhand der Langevin-Theorie modellieren. Innerhalb dieser Theorie wird beschrieben, dass die Teilchen auf eine Feldstärkenmodulation $\mathbf{H}(\mathbf{r},t)$ mit der Magnetisierung

$$\mathbf{M}(\mathbf{r},t) = \frac{c(\mathbf{r})}{\mu_0} m \left( \coth\left(\frac{m \parallel \mathbf{H}(\mathbf{r},t) \parallel}{k_B T}\right) - \frac{k_B T}{m \parallel \mathbf{H}(\mathbf{r},t) \parallel} \right) \qquad (2.8)$$

antworten. Dabei ist $\mu_0$ die Permeabilität des Vakuums, $k_B$ die Boltzmann-Konstante, $T$ die Temperatur, $c$ die Konzentration der Teilchen und $m$ das magnetische Moment der Teilchen [18].

## 2.2. Superparamagnetische Eisenoxidnanopartikel (SPIONs)

Superparamagnetische Eisenoxidnanopartikel, die sogenannten SPIONs, spielen heutzutage eine wichtige Rolle in der medizinischen Bildgebung. Bereits seit einiger Zeit werden sie im MRT als Kontrastmittel eingesetzt, wobei die Partikel Artefakte im MRT bilden und dadurch sichtbar werden. Beim neuartigen Magnetic Particle Imaging (MPI) hingegen werden die SPIONs direkt gemessen. Hierbei handelt es sich um ein Verfahren

*Kapitel 2. Grundlagen*

zur medizinischen Bildgebung, bei dem die SPIONs als Tracer-Material eingesetzt werden. Mit Hilfe des MPI kann somit die räumliche Verteilung der superparamagnetischen Nanopartikel in einem äußeren Magnetfeld dargestellt werden [18]. SPIONs bestehen aus einem Eisenoxidkern, umgeben von einer nicht eisenhaltigen Hülle, und sind annähernd kegelförmig. Der Kern besteht meistens aus Magnetit mit der Formel $Fe_3O_4$ oder Maghemit mit der Formel $Fe_2O_3$. Beides sind Mineralien der Klasse der Oxide mit unterschiedlicher Oxidationsstufe des Eisens. Die Hülle der SPIONs verhindert das Agglomerieren und besteht häufig aus Silan oder Dextran. Silan gehört zu einer Stoffgruppe mit einem Silicium-Grundgerüst mit zusätzlichem Wasserstoff. Dextran gehört zu den Biopolysacchariden und besteht aus einer Verbindung aus Kohlenhydraten. Der Vorteil von Dextran ist, dass es leicht herzustellen, zudem wasserlöslich, biokompatibel und biologisch abbaubar ist, was einige der Voraussetzungen für die medizinische Anwendung sind [5].

Zur Herstellung der SPIONs gibt es zwei gängige Methoden: die top-down-Methode, bei der ein Ursprungspartikel zerkleinert wird, sowie die bottom-up-Methode, wobei die gewünschte Struktur mittels chemischer Reaktion aufgebaut wird [18]. Die Herausforderung in der Herstellung von SPIONs für das MPI besteht darin, Partikel mit einer ausreichenden Magnetisierung herzustellen, welche mit dem Kerndurchmesser des Magnetits zusammenhängt. Allerdings ist für eine medizinische Anwendung im menschlichen Organismus auch die Gesamtgröße der Partikel wichtig, da zu große Partikel (50 nm bis 100 nm) von den Makrophagen erkannt werden, wodurch das SPION-Kontrastmittel zu schnell abgebaut wird. Bei zu kleinen Partikeln muss eine ausreichende Magnetisierung in Frage gestellt werden [19]. Speziell für das MPI ist eine geeignete Partikelgröße besonders für das Signal-zu-Rausch-Verhältnis des MPI von großer Bedeutung. Ideal wären SPIONs mit einem Kerndurchmesser von 30 nm, die ihre Stabilität in einer wässrigen Lösung beibehalten, was sie zusammen mit einer Dextran-Hülle biokompatibel und in medizinischen Bereich anwendbar machen würde [18].

Ein bewährtes Syntheseverfahren zur Herstellung der SPIONs für MPI ist die alkalische Fällung, da sie ein einfaches Syntheseverfahren darstellt, preiswert ist, hohe Geschwindigkeit besitzt, eine große Ausbeute hat, ein gezieltes Coating während der Herstellung ermöglicht und bei niedrigen Reaktionstemperaturen arbeitet [18].

Wie zu Beginn dieses Abschnittes erwähnt, finden SPIONs bereits Anwendung im medizinischen Bereich, zum Beispiel als Kontrastmittel beim MRT. Ein neueres Anwendungsgebiet ist außerdem das Magnetic Particle Imaging Verfahren, welches im folgenden Abschnitt beschrieben wird.

## 2.3. Magnetic Particle Imaging (MPI)

MPI ist ein neuartiges tomographisches Verfahren und wurde 2005 das erste Mal in der Zeitschrift *Nature* innerhalb eines Artikels von B. Gleich und J. Weizenecker erwähnt [10]. Das Besondere an diesem Verfahren ist, dass es eine hohe Sensitivität bei gleichzeitiger hoher räumlicher Auflösung im Submillimeterbereich und dreidimensionale Aufnahmen in Echtzeit bietet. Gleichzeitig ist es kein ionisierendes Verfahren und es werden keine ionisierenden Kontrastmittel benötigt. Beim MPI wird die örtliche Verteilung eines verabreichten Tracers, den sogenannten SPIONs, gemessen. Es gehört damit zur funktionellen Bildgebung und liefert keine direkten morphologischen Informationen. Bei dem Tracer handelt es sich um superparamagnetische Eisenoxidnanopartikel (SPIONs), die mittels magnetischer Anregung detektiert werden. Sie sind nicht kontrastverstärkend, sondern liefern direkt das benötigte Signal. Das Grundprinzip des MPI beruht auf der nichtlinearen Magnetisierung der SPIONs. Innerhalb der Sättigungskurve der SPIONs wird die Sättigungsmagnetisierung $M_s$ erreicht. Dieser Sättigungseffekt der SPIONs trägt erstens zur Signalkodierung und zweitens zur Ortskodierung bei, wie im Folgenden beschrieben wird [21].

Bei der Signalkodierung müssen die Partikel dazu angeregt werden, ein charakteristisches Signal zu erzeugen, welches die Informationen über die Menge des magnetischen Tracer-Materials an einem Ortspunkt enthält. Hierzu wird ein Drive Field bzw. Wechselfeld oder Anregungsfeld benutzt. Die Partikel werden dem Anregungsfeld ausgesetzt. Sie erfahren eine Magnetisierung M(t), die sich in Abhängigkeit von $H_{AC}(T)$ periodisch ändert. Durch die nichtlineare Magnetisierungskurve der SPIONs wird der zeitliche Verlauf der Magnetisierung rechteckförmig verzerrt und ist somit nicht mehr sinusförmig. Des Weiteren wird in einer Spule eine Spannung U(t) durch die zeitliche Änderung der Magnetisierung induziert. Diese ist proportional zur negativen zeitlichen Ableitung der Magnetisierung. Die Signalkodierung bestimmt unter anderem die Konzentration der angeregten Partikel.

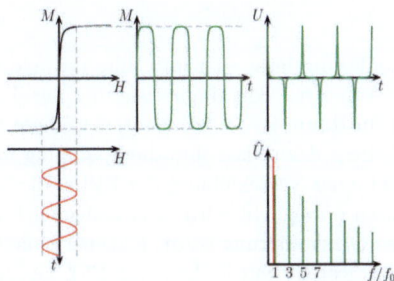

Abbildung 2.3.: Signalkodierung. Unten links: sinusiodale Anregungskurve der SPIONs. Oben links: nichtlineare Magnetisierungskurve der SPIONs. Oben mittig: rechteckig verzerrte Magnetisierungskurve. Oben rechts: Spannung U(t), die durch zeitliche Änderung induziert wird. Unten rechts: Fouriertransformierte Spannung; die rote Linie stellt die Anregungsfrequenz dar, die grünen Linien zeigen die Harmonischen. (aus [21])

Die Position des Tracer-Materials, nachdem das Signal empfangen wurde, wird über die

Ortskodierung bestimmt. Dabei kommt es zu einer Überlagerung des oszillierenden Anregungsfeldes H mit dem statischen Offsetfeld $H_d$, wodurch man ein Gesamtmagnetfeld H(t) erhält. Die Magnetisierung der Partikel des Tracers ist annähernd konstant bzw. befindet sich stets in Sättigung, wenn das benutze Offsetfeld groß genug ist. Dies bedeutet auch, dass die zeitliche Ableitung sehr klein ist. Gesättigte Tracer-Partikel tragen nicht zur gemessenen Spannung im MPI bei und das Frequenzspektrum enthält nur sehr geringe Harmonische.

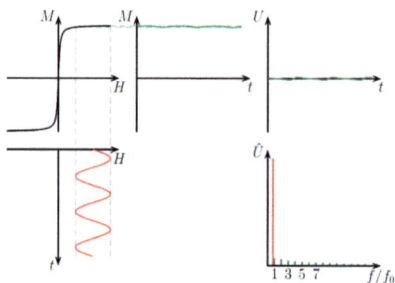

Abbildung 2.4.: Ortskodierung. Unten links: Überlagerung des Anregungsfeldes mit dem Offsetfeld. Oben links: SPIONs befinden sich in Sättigung. Oben mittig: nahezu konstante Magnetisierung der SPIONs aufgrund deren Sättigung. Oben rechts: durch die konstante Magnetisierung wird nur eine geringe Spannung induziert. Unten rechts: minimale Harmonische im Frequenzspektrum, dargestellt durch die grüne Linie. (aus [21])

Eine Variante der Ortskodierung lässt sich mit Hilfe des feldfreien Punktes (FFP) erzielen. Am FFP ist eine Änderung der Magnetisierung der Tracer-Partikel zu messen, an den anderen Punkten im Raum ist sie konstant, d.h. diese Punkte tragen nicht zum Messsignal bei. Der FFP dient dazu, dass ihm die Spannung im MPI genau zugeordnet werden kann, wodurch bei einer Verschiebung des FFPs, die Messung der Partikelkonzentration an allen Punkten ermöglicht wird, was maßgeblich zur Bildgebung beiträgt. Eine ähnliche Variante der Ortskodierung ist die feldfreie Linie (FFL), die 2008 das erste Mal von J. Weizenecker vorgestellt wurde. Um eine FFL zu erzeugen werden zwei FFP orthogonal überlagert, wobei sie sich in einer Richtung gegenseitig auslöschen und so eine feldfreie Linie erzeugen. Der Gradient der FFL ist 1,5-mal so hoch wie beim FFP, wodurch eine bessere Auflösung erreicht wird [21].

Beim MPI gibt es im Wesentlichen zwei Rekonstruktionstechniken, einen Algorithmus zur Inversion der MPI-System-Matrix und die X-Space-Rekonstruktion. Das grundlegende superparamagnetische Verhalten der SPIONs, also die sofortige Reaktion der Partikel beim Anlegen einen äußeren Magnetfeldes, wird dabei mit Hilfe der Langevin-Theorie modelliert [4].

Der in dieser Arbeit benutzte FFL-Scanner arbeitet mit Hilfe der eindimensionalen X-Space-Rekonstruktion

$$IMG(x_\text{s}(t)) = \frac{s(t)}{B_1 mkG\dot{x}_\text{s}(t)} = \rho(x) * \dot{\mathcal{L}}[kGx]\bigg|_{x=x_\text{s}(t)} , \qquad (2.9)$$

die auch MPI 1-D Image Equation genannt wird. Dabei ist $x_\text{s}(t)$ die Position des FFP, $s(t)$ das empfangene Signal und $B_1$ die Sensitivität der Spule. Des Weiteren ist $m$ das magnetische Moment der SPIONs und $G$ der passende lineare Gradient. $\rho(x)$ beschreibt die Dichte der SPIONs in Partikel pro m$^3$ an der Position $x$ [11]. Der Scanner, der in dieser Arbeit benutzt wurde, misst mittels FFL. Mit Hilfe von vier Maxwell-Spulenpaaren und zwei Helmholtz-Spulenpaaren lässt sich die FFL hier beliebig rotieren. Zusätzlich zur X-Space-Rekonstruktion verwendet dieser FFL-Scanner daher die bereits aus der Computertomographie bekannte Radon-Transformation von $c(x,y)$, da diese laut [15] das induzierte Signal innerhalb einer Empfangsspule mit der Sensitivität $\rho_\text{i}$ bei einem FFL-Winkel $\gamma$ ausdrücken kann. Außerdem wird bei dem hier benutzten FFL-Scanner die Relaxation des magnetischen Moments der Partikel korrigiert, da sich die darauf resultierende Verbreiterung des Signals negativ auf die Bildauflösung auswirkt. Diese Korrektur wird mittels Debye-Prozess erster Ordnung nach [7] durchgeführt. Die nicht adiabatische Signalgleichung, die letztendlich für die Bildrekonstruktion genutzt wird, lautet dann

$$\hat{u}_\text{i}^\gamma(t) = (q_\text{i}^\gamma A \Lambda'(t)(\tilde{m}(\nu) * \mathcal{R}(c)(\gamma, \nu))) * r(t) \qquad (2.10)$$

mit $q_\text{i}^\gamma$ als Vektorkomponente eines mehrdimensionalen Magnetisierungsvektors, $A$ als Amplitude der Drive-Field-Spule, $\Lambda'(t)$ als Anregungsfunktion des Systems und $\mathcal{R}(c)(\gamma, \nu)$ als Radon-Transformation der Verteilung der Partikelkonzentration. $\tilde{m}(\nu)$ ist der partikelabhängige Faltungskern bestimmt über die Langevin-Theorie. Da der hier verwendete FFL-Scanner zwei orthogonale Empfangskanäle benutzt, entstehen die zwei Signale $u_1^\gamma(t)$ und $u_2^\gamma(t)$. Beide Signale werden nun zusammengelegt und das resultierende Signal $u^\gamma$ wird mit $r(t)$ exponentiell entfaltet. Nach einer Geschwindigkeitsanpassung und der Rasterung des zeitabhängigen Signals auf ein Raumgitter, wird ein weiteres Mal entfaltet, diesmal mit der theoretischen Point Spread Function (PSF) bzw. mit dem partikelabhängigen Faltungskern $\tilde{m}(\nu)$. Abschließend wird eine inverse Radon-Transformation durchgeführt.

## 2.4. Magnetische Partikelspektroskopie (MPS)

Um die Verwendbarkeit von superparamagnetischen Eisenoxidnanopartikel (SPIONs) für MPI sicherzustellen, aber auch für andere medizinische Anwendungen wie z.B. als Kontrastmittel, sind die geeignete Größe sowie eine annähernd homogene Größenverteilung sehr wichtig [18]. Das MPS wird neben dem Rasterkraftmikroskop (AFM) und Photonen-Kreuzkorrelationsspektroskopie (PCCS) zur Charakterisierung der Partikelgröße genutzt, insbesondere zur Bestimmung des Kerndurchmessers [5]. Eine noch größere Rolle bei der Sicherstellung der Verwendbarkeit für MPI spielt die magnetische Antwort der Partikel, von der die Abbildungsqualität des MPI unmittelbar abhängt. Anders als PCCS ist hierfür MPS geeignet, denn über das dargestellte Oberwellenspektrum kann direkt die Magnetisierung bestimmt und damit die angewendete Separationsstrategie bewertet werden. MPS nutzt dabei dasselbe physikalische Prinzip des MPI, d.h. es verwendet ebenfalls die charakteristischen Eigenschaften der SPIONs, vor allem ihre nichtlineare Magnetisierung [19].

Aufgebaut ist das MPS aus einem Probenraum, der mit zwei Sendespulen in Helmholtzgeometrie sowie einer Empfangsspule ausgestattet ist. Dabei lassen sich die Vorgänge der Hardware beim Messen mit dem MPS im Wesentlichen in eine Sendekette und eine Empfangskette aufteilen. Innerhalb der Sendekette werden zwei Magnetfelder erzeugt, wobei das Sendespulenpaar, der Drive-Field-Spule, die Partikel sinusoidal anregt. Durch die induzierte Spannung wird die dynamische Magnetisierungsänderung der SPIONs durch das sinusoidale Wechselfeld in der Empfangsspule darstellbar, welche die Änderung der Magnetisierung der SPIONs aufzeichnet. Die Erfassung dieser Änderung der Magnetisierung gehört zur Empfangskette innerhalb der MPS-Hardware. Ausgewertet wird das Spektrum der Oberwellen des Anregungssignals, wobei der langsame lineare Abfall dieses Spektrums für eine MPS-Messung aufgrund der nichtlinearen Magnetisierungsdynamik der SPIONs charakteristisch ist. Anders als beim MPI ist hierbei eine räumliche Auflösung nicht möglich, d.h. das MPS stellt die Magnetisierung der SPIONs null-dimensional dar [18]. Wichtig bei der Sendekette und für die Darstellung der magnetischen Antwort sind ein oszillierendes Anregungsfeld und ein statisches Offsetfeld. Das statische Offsetfeld ermöglicht es, neben den SPIONs im FFP, auch außerhalb liegende Nanopartikel darzustellen. Dies erlaubt die Beurteilung des Verhaltens der SPIONs in ihrem Sättigungsbereich. Bei der Empfangskette ist die Kompositionseinheit von großer Bedeutung. Dadurch wird anders als beim MPI kein Bandstopp-Filter benötigt, was wiederum zu zusätzlichen Auswertungsmöglichkeiten beiträgt. So ist auch die Grundfrequenz der Partikelsignale darstellbar, was zusätzliche Analysemöglichkeiten bietet [5].

Neben MPI und MPS wird auch ein mikroskopisches Verfahren, die Rasterkraftmikroskopie (AFM), zur Auswertung der Versuchsergebnisse dieser Arbeit verwendet. Im folgenden Abschnitt werden daher die Funktionsweise und der Aufbau eines Rasterkraftmikroskops genauer erläutert.

## 2.5. Rasterkraftmikroskopie (AFM)

Die Rasterkraftmikroskopie oder Atomic Force Microscopy (AFM) bietet seit 1986 eine Möglichkeit zur Oberflächenuntersuchung und Abbildung der Topographie von atomaren Strukturen. Bei der AFM wird eine feine Nadel, welche an einer Blattfeder, einem sogenannten Cantilever, befestigt ist, mittels Piezoelement zeilenweise über die Probe geführt. Aufgrund der Struktur der Probe kommt es zu Auslenkungen der Blattfeder, welche mit Hilfe von Sensoren bzw. Lasern erfasst werden [13]. Dieses Signal wird proportional zur Kraft, die beim Abtasten auf den Cantilever wirkt, detektiert, wodurch das statische Verbiegen der Blattfeder aufgezeichnet wird. Das Piezoelement ist in der Regel ein piezoelektrisches Keramikröhrchen, das sich über dem Cantilever befindet und sich spannungsabhängig krümmt, zusammenzieht oder auseinanderdehnt und so die Bewegung der Blattfeder ausführt.

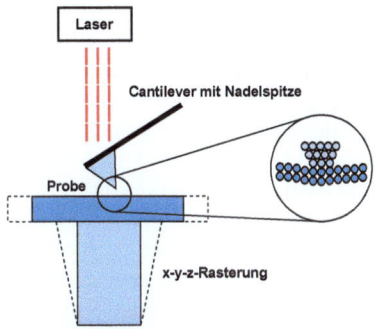

Abbildung 2.5.: Skizze eines AFM. (nach [13])

Die Auslenkung der Blattfeder kann durch unterschiedliche Kräfte hervorgerufen werden, jedoch handelt es sich hierbei meistens um interatomare Kräfte. Diese werden durch den Abstand von Spitze und Atom maßgeblich beeinflusst. In Hinblick auf diese Abhängigkeit unterscheidet man zwischen zwei Betriebsarten des AFM, dem Kontakt-Modus und dem Nicht-Kontaktmodus. Beim Kontaktmodus sind die Krafteinwirkung und die Blattfederbeugung vorgegeben. Die Höhe der Nadel wird lediglich beim Abtasten der Proben automatisch nachgeregelt, so dass die Beugung des Cantilever konstant bleibt. Die Nadel und die Probe haben direkten mechanischen Kontakt, wodurch allerdings die Probe sowie die Nadelspitze deformiert werden können. Beim Nicht-Kontaktmodus, der sogenannten dynamischen Rasterkraftmikroskopie, bewegt sich die Nadel mehrere 100 Å über der Probe. Somit ist die Kraftwirkung auf den Cantilever geringer als beim Kontaktmodus. Daher wird der Cantilever beim dynamischen Modus mechanisch zum Schwingen gebracht. Die Schwingung liegt dabei nahe der Resonanzfrequenz $\omega_r$. Ausgewertet wird die Verschiebung der Resonanzkurve mit der Änderung der Position. Diese Verschiebung wird üblicherweise mit der Flanken- oder Frequenz-Modulations-Methode berechnet [2].

## 2.6. Polymere und Lacke

Um SPIONs in unbedenklicher Form für medizintechnische Anwendungen bereitzustellen, ist die Grundidee dieser Arbeit, entweder mithilfe von Lacken Coatings für Beschichtungen von medizinischen Geräten oder Instrumenten herzustellen, oder die SPIONs direkt in Polymeren zu verarbeiten und daraus entsprechende Instrumente zu entwickeln. Daher wird in diesem Abschnitt auf die verschiedenen Eigenschaften von Polymeren und Lacken eingegangen, die in Bezug auf eine medizinische Anwendung berücksichtigt werden müssen.

Als Polymere bezeichnet man Moleküle, die durch kovalente Verbindungen von Grundbausteinen, den chemisch erzeugten Monomeren, aufgebaut werden [16]. Es handelt sich dabei um Stoffe, die eine oder mehrere Wiederholungseinheiten von Monomeren in ihrem Aufbau besitzen. Man unterscheidet zwischen anorganischen, organischen und Biopolymeren. Anorganische Polymere bestehen beispielsweise aus Siliziumverbindungen wie Silikone oder Siloxane, organische Polymere beispielsweise aus Ethylenen, Propylenen, Vinylchloriden, Carbonaten oder Acrylaten, Biopolymere aus den natürlichen Grundbausteinen lebender Organismen wie Proteinen [27]. Bei den synthetisch-organischen Polymeren handelt es sich meistens um Kunststoffe, also hoch molekularen organischen Verbindungen. Diese Kunststoffe entstehen durch Abwandelung hoch molekularer Naturstoffe oder chemischen Aneinanderlagerungen nieder molekularer Monomere durch verschiedene chemische Reaktionen. Dabei ist zu beachten, dass es sich bei Kunststoffen meistens um Mischungen handelt, d.h. es werden Zusatzstoffe, Additive und Anteile anderer Substanzen hinzugefügt. Man unterscheidet generell zwischen vernetzten und unvernetzten Kunststoffen [14]. Heutzutage werden Kunststoffe und Polymere zwar in der Regel gleichgesetzt [8], allerdings ist zu berücksichtigen, dass Polymere lediglich die Substanz für Kunststoffe bilden, dieser jedoch seine letztendlichen Eigenschaften erst durch den Verarbeitungsprozess erhält [14]. Eine gängige Form der Unterscheidung von Polymeren ist die zwischen Thermoplasten, thermoplastischen Elastomeren, Thermoelasten, Elastomeren und Duroplasten [27].

Wie zu Beginn dieses Abschnittes erwähnt, sind Farben und Lacke ein häufiges Anwendungsgebiet von Kunststoffen und eng mit diesen verbunden. Vorgestellt werden nun drei der für die Versuche dieser Arbeit wichtigen Lacke auf Polymerbasis. Diese lassen sich grob in lösemittelhaltig und wässrig unterteilen. Die sogenannten Alkydlacke beinhalten als Bindemittel Alkydharz, ein Polyester aus mehrbasigen, organischen Säuren (Fettsäuren wie z.B. Verbindungen aus Phthalsäure, Adipinsäure und Maleinsäure) und mehrwertigen Alkoholen (Glycerin). Als Lösemittel wird bei diesem Lack Testbenzin bzw. aromatenfreier aliphatischer Kohlenwasserstoff genutzt. Ein anderer oft verwendeter Lack ist der eher wässrige und im Vergleich zum Alkydlack umweltschonendere Acryllack. Er beinhaltet ein Bindemittel, welches aus feinstteiliger Acrylharzdispersion besteht. Der Lösemittelanteil beträgt weniger als 10 % und enthält in der Regel Glycolether. Der dritte wichtige Lack ist der PU-Lack, welcher zu den Zwei-Komponenten-Beschichtungen gehört. Dabei handelt es sich um ein Polyester bzw. Polyether der mit Polyisocyanaten gehärtet wird. Die zwei Komponenten sind Desmophen® als Dialkohol und Desmodur® als Härter. Er ist lösemittelfrei und wässrig, besitzt zudem eine hohe Wasser- und Chemikalienbeständigkeit, ist nicht löslich in Lösemitteln und hoch abriebfest [25].

## 2.6.1. Polyurethan (PU)

Polyurethan ist ein Polymer und besteht aus Polyisocyanaten, Polyolen und den sogenannten Kettenverlängerungen. Abhängig von seiner Verarbeitung gehört PU entweder zu den Gießsystemen, den Kautschuktypen oder den thermoplastischen Elastomeren. Der chemische Aufbau von PU ist gekennzeichnet durch eine hohe Anzahl an Urethangruppen [1]. Man unterscheidet beim Aufbau zwischen zwei Bereichen, den Weichsegmente, d.h. flexible Kettensegmente, die mit den Hartsegmenten (polare Urethangruppen) verbunden sind. Dabei sind Polyurethane mit Polyether-Weichsegmenten oder Polyester-Weichsegmenten am weitesten verbreitet. Die Hartsegmente beeinflussen die Eigenschaften bei thermoplastischen Elastomeren wesentlich. Diese sind mehrphasige Kunststoffe mit gummielastisch verformbaren Bereichen. Anders als Elastomere besitzen sie eingebaute Bereiche schmelzbarer amorpher Thermoplasten, die thermoplastisch umgeformt werden können. Einfache Elastomere hingegen sind chemisch weitmaschig vernetzte Kunststoffe. Innerhalb tiefer Temperaturen bis zur Zersetzungstemperatur sind sie gummielastisch. Oberhalb der Erweichungstemperatur sind lediglich Bewegungen von Kettensegmenten und eventuell größere Verformungen möglich [8].

Die Schlüsselsubstanz zur Herstellung von PU sind die Isocyanate. Diese erfolgt über eine chemische Reaktion, der Additionspolymerisation. Stoffe die aus einer Additionspolymerisation entstehen nennt man auch Polyaddukte [14]. Dafür werden mindestens zwei unterschiedliche Monomere benötigt. Dabei kommt es zu einer Verbindung von Diisocyanaten, Polyolen und den Kettenverlängerern (meistens aromatische Diole oder aromatische Diamine).

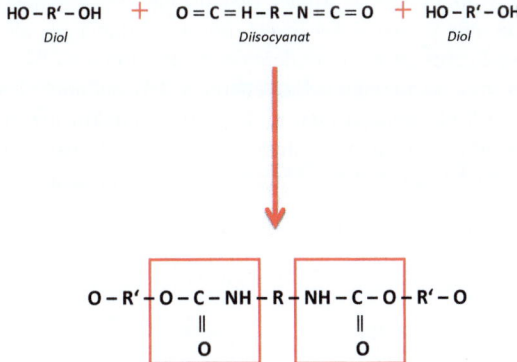

Abbildung 2.6.: Schematische Darstellung der Additionspolymerisation in ihrer einfachsten Form. Die roten Rahmen markieren die Urethangruppen des fertigen Polyurethans. (nach [8])

Fügt man der Additionspolymerisation eine kleine Menge Wasser hinzu, kommt es zur Freisetzung von Kohlenstoffdioxid. Die entstehende primäre Aminogruppe reagiert mit einer Isocyanatgruppe zu bisubstituierten Harnstoff und es folgt ein Kettenabbruch. Es entsteht der weit verbreitete PU-Schaumstoff [8].

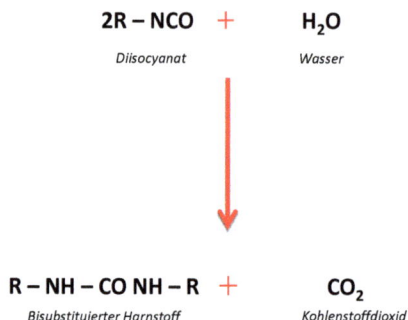

Abbildung 2.7.: Abspaltung von bisubstituierten Harnstoff und Kohlenstoffdioxid. (nach [8])

Die Herstellung der Polyole kann auch auf Basis pflanzlicher Öle vollzogen werden. Anstatt petrochemischer werden dabei fettchemische Polyole verwendet, die beispielsweise aus Soja gewonnen werden [8]. Die Eigenschaften von PU sind vor allem für die Industrie und die alltägliche Anwendung von großer Bedeutung. Das Polymer hat eine große mechanische Festigkeit und Verschleißfestigkeit, und wird daher oft als Dichtungsmaterial verwendet. Darüber hinaus ist es besonders ozon- und mineralölbeständig, flexibel und elastisch bei einem breit variierenden Härtebereich. PU befindet sich damit genau zwischen den dehnbaren Weichkunststoffen und spröden Hartkunststoffen. Weit verbreitet ist PU als Schaumstoff in Matratzen, Schuhsohlen oder als Bauschaum. Oft werden auch Lacke und Farben mit PU angereichert, um die Flexibilität und Elastizität zu erhöhen.

# 3
# Material und Methoden

In diesem Kapitel werden unter *Material* die einzelnen Komponenten beschrieben, die für die Versuchsvorbereitung und Durchführung unter *Methoden* genutzt wurden. Der erste Teil *Material* ist in drei Unterkapitel gegliedert. Zuerst werden die künstlichen Polymere, die in dieser Arbeit verwendet wurden, ausführlich beschrieben. Dabei wird zwischen den Lacken zur Herstellung der Coatings und den festen Kunststoffen, welche für die Versuchsaufbauten benutzt wurden, unterschieden. Danach werden die unterschiedlichen Arten der SPIONs beschrieben, die in den Testreihen zum Einsatz kamen. Abschließend folgt eine Auflistung der verwendeten Geräte.
Der zweite Teil *Methoden* beschreibt die unterschiedlichen Versuchsreihen zur Herstellung und Charakterisierung der superparamagnetischen Lacke bzw. Coatings und teilt sich in vier Abschnitte auf. Die Versuchsreihen sind hier chronologisch angegeben und zeigen somit die Entwicklung von den Vorversuchen zum eigentlichen Zielversuch.

## 3.1. Material

Zur besseren Übersicht wurden die genutzten Materialien in dieser Arbeit in drei Abschnitte unterteilt. Die zu Beginn beschriebenen *Lacke für Coatings und Polymere* sind tabellarisch zusammengefasst. Die *SPIONs für Coatings und Polymere* werden hingegen einzeln beschrieben, um die Unterschiede in Herstellung und Kerndurchmesser besser hervorzuheben. Im letzten Abschnitt wird auf die größeren Geräte zur Datenerfassung explizit eingegangen, wobei Messparameter besonders hervorgehoben werden. Das Laborzubehör wird tabellarisch zusammengefasst.

### 3.1.1. Lacke für Coatings und Polymere

Lüdtke-Buzug und Debbeler stellen in [20] den Ansatz vor, SPIONs mit Polymeren wie Polyethylen, Polypropylen und Polyurethan zu mischen, welcher innerhalb dieser Bachelorarbeit aufgegriffen wurde. Die erste Versuchsreihe wurde mit handelsüblichen

*Kapitel 3. Material und Methoden*

Lacken durchgeführt. Bei der Auswahl der Lacke wurde sich an denen in [20] vorgeschlagenen Polymeren als Inhaltsstoffe orientiert. Zudem wurden aromatenfreie Lacke wie Acrylat-Dispersionen bevorzugt. Auch wurde eine „Bio-Variante" als Lack hinzugezogen. Neben lösemittelarmen Polyacrylat-Polyurethan-Dispersionen (*„Schöner Wohnen" DurAcryl Professional Weißlack*, *„Schöner Wohnen" ProfiDur Buntlack hochglänzend*) wurden einfache Acrylat Dispersionen (*„Swingcolor" Klarlack 2 in 1 seidenmatt*, *„Schöner Wohnen" ProfiDur Buntlack hochglänzend*) sowie einer Standölfarbe (*„Kreidezeit" Standölfar-be weiß*) verwendet. Die angewendeten Lacke der ersten Versuchsreihe sowie die für die Versuchsreihen verwendeten Polymere sind im Anhang A.1. und A.2. aufgelistet.

### 3.1.2. SPIONs für Coatings und Polymere

Für die Versuche *MPS-Messungen mit Folien* (siehe 3.2.1.) und *MPI-Messungen mit Schläuchen* (siehe 3.2.3.) wurden die SPIONs *KLB-070-Mitte* verwendet. Diese wurden im Institut of Medical Engeneering (IMT) synthetisiert. Dabei wurde die nasschemische Synthese verwendet und die Partikel nach der Größenseparation und Dialyse aufkonzentriert, so dass eine 0,3 bis 0,4 M Suspension eingesetzt werden konnte. Der Kerndurchmesser, der mit MPS ermittelt wurde, beträgt in etwa 15,7 nm.

Bei den *MPI-Messungen mit Kathetern* (siehe 3.2.4.) wurden die vom IMT hergestellten SPIONs *KLB-067-Unten* verwendet. Hierbei wurde ebenfalls die nasschemische Synthese verwendet und die Partikel nach der Größenseparation und Dialyse aufkonzentriert. Der Kerndurchmesser der Partikel beträgt dabei nach MPS-Messungen in etwa 9,63 nm.

Zum Gießen der Vulkollan Schläuche wurde im Vorversuch ein Nanopartikel Puder der Firma Sigma-Aldrich verwendet. Die Partikel des Produkts *Iron (II, III) oxide nanopowder, 50 nm, 98 % trace metal base* besitzen laut Hersteller einen hydrodynamische Durchmesser von etwa 50 nm.

Beim ersten Versuch der Testreihe der Vulkollan®-Schläuche wurden die SPIONs *KLB-058-Mitte* verwendet, welche ebenfalls im IMT synthetisiert wurden. Anders als die SPIONs zuvor, wurden diese Nanopartikel in einem weiteren Arbeitsschritt mit Hilfe von dafür geeigneten Zentrifugen-Röhrchen aufkonzentriert. Der Kerndurchmesser beträgt nach MPS-Messungen etwa 9,91 nm.

Beim zweiten Versuch der Testreihe *Gießen von Vulkollan®-Schläuchen* wurden die SPIONs *KLB-051-Mitte* verwendet. Diese wurden im IMT synthetisiert, dialysiert und ebenfalls mit dafür geeigneten Zentrifugen-Röhrchen aufkonzentriert. Ihr Kerndurchmesser beträgt nach MPS-Messungen 5,79 nm.

Beim dritten Versuch der Testreihe *Gießen von Vulkollan®-Schläuchen* wurden die SPIONs *AB-01-Fertig* verwendet. Diese wurden ebenfalls im IMT hergestellt und besitzen einen Kerndurchmesser von 14,2 nm. Anders als die SPIONs *KLB-051-Mitte*, wurden diese SPIONs mithilfe des *Spectra/Gel®* aufkonzentriert. Dafür wurden die dialysierten und zentrifugierten SPIONs in einen Dialyseschlauch gefüllt und für vier Tage im Granulat *Spectra/Gel®* eigebettet. Das Granulat entzieht dabei der Nanopartikel-Lösung durch den semipermeablen Dialyseschlauch Wasser.

Beim vierten Versuch der Testreihe *Gießen von Vulkollan®-Schläuchen* wurden die SPIONs *AB-05-Unten* verwendet. Diese wurden im IMT synthetisiert und mithilfe des *Spectra/Gel®* sechs Tage aufkonzentriert. Der Kerndurchmesser beträgt 16,8 nm.

### 3.1.3. Geräte und Laborzubehör

In diesem Kapitel wird zwischen den Geräten zum Aufnehmen von Messdaten und der üblichen Laborausstattung, welche in den Versuchen verwendet wurden, unterschieden. Letztere werden zur besseren Übersicht in Tabellenform angegeben, während auf die Geräte, mit denen Messdaten aufgenommen wurden, nochmals separat eingegangen wird.

Magnetic Particle Imaging (MPI)

Die Messungen wurden mit dem FFL-Scanner *Kreidler*, konstruiert nach [4], aufgenommen. Die Messdaten werden mit einer Frequenz von 25 kHz bei einem Gradienten von 1,08 $T\,m^{-1}$ mit 1000 Repetitionen aufgenommen. Das Field of View (FOV) hat eine Größe von 25 $mm^2$.

Magnetische Partikelspektroskopie (MPS)

Für die Versuche wurde das MPS-Gerät von *Fork Labs project @ University of Lübeck* nach [5] benutzt. Die Messdaten wurden bei einer Feldstärke von 20 mT, einer Periode von 10, einer Frequenz von 25 kHz und mit 12500 Repetitionen aufgenommen. Die Probenkammer des Spektrometers hat eine die Form eines Zylinders mit einem Durchmesser von 5 mm und einer Länge von 5 mm. Damit fasst es Proben bis zu einem Volumen von 100 µl. Die Proben werden üblicherweise in Eppendorf-Gefäßen gemessen.

Rasterkraftmikroskop (AFM)

Das verwendete Modell *Compact Granite* stammt aus der DS 95 AFM-Systemreihe vom Hersteller DME. Die maximale Probengröße beträgt 150 mm und die Scannerreichweite 50 bis 200 µm. Für die digitale Aufnahme der Bilder, wurde das mitgelieferte Programm ScanTools verwendet. Eingesetzt wurden nicht-magnetische Cantilever der Nr. 2611 von DME. Alle Bilder wurden im AC-Tapping-Mode aufgenommen.

Das benutzte Laborzubehör wird im Anhang A.3. tabellarisch in alphabetischer Reihenfolge zusammengefasst.

## 3.2. Methoden

Die hier aufgeführten Methoden werden in chronologischer Reihenfolge beschrieben und geben die Versuchsdurchführung zur Herstellung und Charakterisierung der superparamagnetischen Lacke bzw. Coatings wieder. Diese werden in Bezug auf ihre Haftung,

Oberflächenstruktur, Magnetisierung und MPI-Kompatibilität untersucht. Als erstes wurde die Versuchsreihe *MPS-Messungen mit Folien* durchgeführt. Daraufhin wurde die Haftung und Oberflächenbeschaffenheit der Coatings und der Lacke auf den Folien in *Untersuchung der Haftung und Oberflächenbeschaffenheit* überprüft. Anschließend wurden die Messdaten der Testreihe *MPI-Messungen mit Schläuchen* aufgenommen. Den Abschluss bilden die Testreihen des Zielversuches *Gießen von Vulkollan®-Schläuchen*.

### 3.2.1. MPS-Messungen mit Folien

Bei diesem Versuch soll die Magnetisierbarkeit der hergestellten Coatings mit Hilfe von MPS nachgewiesen werden. Die nachgewiesene Magnetisierung der Coatings soll dabei Aufschluss über deren MPI-Kompatibilität geben. Dafür wurden bei der ersten Versuchsreihe dünne PE-Folien, mit einer 2:1 Mischung aus Lack und den SPIONs *KLB-070-Mitte* beschichtet. Diese sollen bei den ersten Tests die Oberfläche von potentiellen Anwendungsgebieten, z.B. Kathetern, imitieren. Die Folien wurden vor dem Beschichten unterschiedlich präpariert: Eine Folie wurde mit Schleifpapier abgeschliffen, die andere Folie blieb unverändert. Für die Coatings wurde der Lack mit den SPIONs in einem Probenröhrchen mit Hilfe des BioVortexers homogenisiert. Die fertigen Coatings wurden jeweils auf die unterschiedlichen Folien mit einem Spachtel aufgetragen. Anschließend wurden die Folien bei Zimmertemperatur getrocknet. Die Trockenzeit unterscheidet sich dabei je nach Inhaltsstoffen der Lacke, und kann der Tabelle im Anhang A.4. entnommen werden. Von jedem Lack wurden jeweils zwei 10-µl-Proben mit Hilfe von Pipetten in Eppendorf-Gefäße gefüllt, sowie zwei 10-µl-Proben der Coatings und zwei 10-µl-Proben der verwendeten SPIONs. Diese Proben wurden dann genau wie die Proben der beschichteten Folien für MPS-Messungen vorbereitet. Dafür wurden jeweils zwei 1 cm² große Quadrate aus jeder Folien-Probe herausgeschnitten, gefaltet und in Eppendorf-Gefäßen platziert. Anschließend folgte die Durchführung der MPS-Messungen.

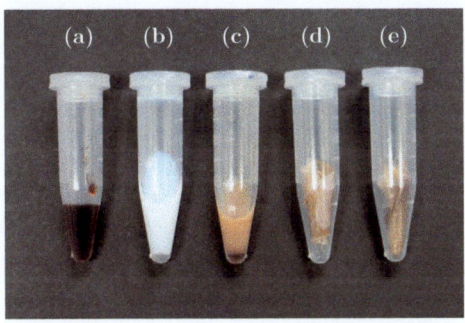

Abbildung 3.1.: Präparierte Proben in Eppendorf-Gefäßen. (a) SPIONs. (b) Purer Lack. (c) Coating. (d) Coating getrocknet auf unbehandelter PE-Folie. (e) Coating getrocknet auf abgeschliffener PE-Folie.

### 3.2.2. Untersuchung der Haftung und Oberflächenbeschaffenheit

Da die Coatings unterschiedlichen Halt an der PE-Folie aufweisen, wurde dieser mittels *Haftungstest* untersucht und fotografisch dokumentiert. Bei diesem Test wurden die Schichten der auf Folie aufgetragenen Coatings mit einem Skalpell fünfmal zerkratzt. Dieser Versuch wurde ebenfalls mit den puren Lacken, die genau wie die Coatings auf PE-Folien aufgetragen wurden, wiederholt. Die Ergebnisse wurden anhand einer selbst erstellten Bewertungsskala eingeteilt und benotet. Die Skala sowie die bei der Bewertung berücksichtigten Faktoren sind der entsprechenden Tabelle im Anhang A.5. zu entnehmen.

Die Oberflächenbeschaffenheit und atomare Topographie der Lacke und Coatings wurde mit dem Rasterkraftmikroskop (AFM) untersucht. Dafür wurden Objektträger mit den unterschiedlichen Proben präpariert. Die puren Lacke wurden in dünner Schicht direkt auf einem Glimmerplättchen, welches bereits auf dem Objektträger fixiert war, aufgetragen und 48 h getrocknet. Für die Proben der Coatings wurden die beschichteten PE-Folien in etwa 1 cm$^2$ große Rechtecke geschnitten. Diese wurden mit Cyanacrylat-Klebstoff auf den Objektträgern fixiert und ebenfalls 48 h getrocknet. Von allen Proben wurden vier Aufnahmen mit dem AFM gemacht, davon zwei Bilder der Phasenverzögerung und zwei Bilder der Topographie.

### 3.2.3. MPI-Messungen mit Schläuchen

Bei diesem Versuch soll die MPI-Kompatibilität der hergestellten Coatings direkt über MPI-Messungen nachgewiesen werden. Dafür wurde in dieser Versuchsreihe als Vorbereitungsschritt neues Trägermaterial bestellt. Bei dem zu beschichtenden Material handelt es sich um zwei verschiedene Laborschläuche, die als Modellkatheter dienen sollen. Die Idee ist es, zwei Schläuche unterschiedlicher Größe mit unterschiedlichem Shore-Härte-Wert ineinander zu stecken. Dabei soll der innere Schlauch von außen beschichtet werden, und der äußere soll die Coatings schützen. In den äußeren PVC-Schlauch, mit einer Shore Härte A von 60°, wird ein starrer PTFE-Schlauch mit der Shore Härte A 72° geschoben. Der äußere PVC-Schlauch ist transparent und besitzt einen Innendurchmesser von 12 mm und einen Außendurchmesser von 16 mm. Der PTFE-Schlauch hat außen einen Durchmesser von 12 mm und innen ein Durchmesser von 10 mm (siehe Abbildung 3.2.).

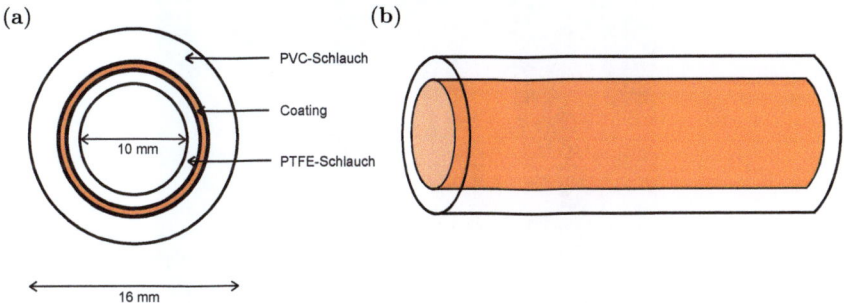

Abbildung 3.2.: (a) Frontansicht des lackierten PTFE-Schlauchs im PVC-Schlauch. (b) Seitenansicht der ineinander gesteckten Laborschläuche.

Wie zuvor bei den PE-Folien wurde im ersten Schritt die Oberfläche des PTFE-Schlauchs mit Schleifpapier bearbeitet. Danach wurden die Lacke wie in den Versuchsreihen zuvor mit den SPIONs *KLB-070-Mitte* in einem Verhältnis von 1:1 homogenisiert. Anschließend wurden die Coatings in sechs Schichten mit Pinsel auf die PTFE-Schläuche aufgetragen. Zwischen jeder Schicht wurde etwa 20 min gewartet. Nach der sechsten Schicht wurden die PTFE-Schläuche 24 h getrocknet. Daraufhin wurde der PVC-Schlauch bei 50 °C 30 min erwärmt, um diesen zu dehnen. Dieser wurden über die lackierten PTFE-Schläuche geschoben. Bei den Coatings, die eine zu klebrige Textur aufwiesen und dadurch ein Ineinanderstecken erschwerten, wurden die Schläuche weitere 2 h getrocknet und eine geringe Menge Sonnenblumenöl auf den Coatings verteilt. Anschließend wurden von allen Schläuchen MPI-Aufnahmen gemacht.

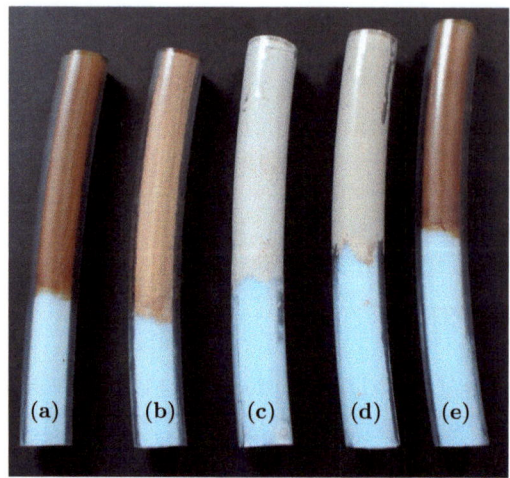

Abbildung 3.3.: Die fertigen Katheter-Modelle, mit denen MPI-Aufnahmen gemacht wurden. (a) Beschichtetes Modell mit Coating Nr. 1. (b) Coating Nr. 2. (c) Coating Nr. 3. (d) Coating Nr. 4. (e) Coating Nr. 5.

### 3.2.4. Gießen von Vulkollan®-Schläuchen

Um die Idee der Coatings für Katheter weiterzuführen, wurde in dieser Testreihe versucht, die SPIONs direkt mit einem künstlichen Polymer zu verbinden, um aus dieser Mischung die gewünschten Formen zu gießen. Die Form des Katheters, vereinfacht dargestellt als Schlauch, wurde für diese Versuche beibehalten. Der vom Kunststoff-Kompetenzzentrum der Fachhochschule Lübeck dafür empfohlene Kunststoff ist Vulkollan®. Dieses massive Polyurethan-Elastomer auf der Basis eines Desmodur® 15-Prepolymers, soll sich mit den Nanopartikeln homogen verbinden, ohne deren Dextran-Hülle durch Agglomeration sowie deren superparamagnetische Eigenschaften zu zerstören. Hergestellt wird das Produkt aus zwei Komponenten, dem Prepolymer Desmodur® 15S27 und dem entsprechenden Vernetzer 1,4-Butandiol Baytec® XL B, die im flüssigen Zustand vermischt und anschließend ausgehärtet werden. Dabei wird in erster Linie versucht ein Aufschäumen des Polymers durch Abspaltung und Kettenabbruch zu verhindern. Die hinzuzufügenden SPIONs sollten daher idealerweise in getrockneter Form vorliegen. Dazu wurde im Vorversuch Nanopartikel-Puder der Firma Sigma-Aldrich mit einem hydrodynamischen Durchmesser von 50 nm verwendet.

In diesem Vorversuch wurde zu Herstellung des SPION-Polyurethan-Elastomers nach Anleitung [3] der Firma Bayer verfahren. 1 kg der festen Komponente Desmodur® 15S27, mit einer Shore Härte A von 73° bis 91°, wurde bei 100 °C im mitgelieferten Behälter 2 h erhitzt, bis das Produkt sich vollständig verflüssigte. In einem Probengefäß

(Weithalsbehälter) wurde ca. 1 g der festen Sigma-Nanopartikel gegeben und mit ca. 1 ml des verflüssigten Desmodur® 15S27 und 0,03 ml des Vernetzers 1,4-Butandiol Baytec® XL B homogenisiert. Zusätzlich wurde eine Referenzprobe ohne Nanopartikel angerührt. Bei beiden Proben wurde das empfohlene Desmodur®-Butandiol-Mischverhältnis von etwa 100:3 eingehalten [3]. Die Proben wurden direkt im Probengefäß 24 h bei 90 °C gebacken. Nachdem Abkühlen wurde das fertige Elastomer aus dem Probengefäßen entfernt und für MPS-Messungen vorbereitet, die daraufhin durchgeführt wurden.

Im ersten Versuch wurde die Herstellung des SPION-Polyurethan-Elastomers ebenfalls nach Anleitung [3] durchgeführt. Neben dem Desmodur® wurde ein Zentrifugen-Röhrchen sowie Eppendorf-Gefäße als Form 2 h bei 100 °C erhitzt. In einem Plastikbecher wurden 15 ml des verflüssigten Desmodurs® 15S27 mit 0,4 ml 1,4-Butandiol Baytec® XL B und 0,4 ml der aufkonzentrierten SPIONs *KLB-058-Mitte* vermischt und homogenisiert. Anschließend wurden die auf 100 °C erwärmten Formen sowie zusätzlich zwei kalte Zentrifugen-Röhrchen und zwei kalte Einwegpasteurpipetten mit dem Elastomer gefüllt. Daraufhin wurden die gefüllten Formen 24 h bei 110 °C gebacken. Das ausgehärtete und abgekühlte Elastomer wurde aus den Formen entnommen und Proben für MPS-Messungen vorbereitet.

Auch im zweiten Versuch wurde nach Anleitung [3] verfahren. Das Desmodur® 15S27 und Zentrifugen-Röhrchen als Formen wurden bei 110 °C für 3 h erhitzt. Diesmal wurde eine größere Menge des Elastomers mit einer höheren SPION-Konzentration hergestellt. Dafür wurden 20 ml des flüssigen Desmodurs® 15S27 mit 0,6 ml 1,4-Butandiol und 2 ml der aufkonzentrierten SPIONs *KLB-051-Mitte* homogenisiert. Das Gemisch wurde dann in die erhitzen und kalten Formen gefüllt. Als kalte Formen dienten auch bei diesem Versuch Einwegpasteurpipetten, mit denen das Gemisch aufgezogen wurde. Zusätzlich wurden diesmal kleinere Pipetten mit Silikonfett beschichtet und in die gefüllten größeren Pipetten gesteckt. Anschließend wurde wie beim Versuch zuvor verfahren.

Der dritten Versuch wurde wieder nach Anleitung [3] durchgeführt. Das Desmodur® 15S27 und Zentrifugen-Röhrchen als Formen wurden bei 110 °C für 3 h erhitzt. In diesem Versuch wurde die SPION-Konzentration abermals erhöht, sodass 1 ml der aufkonzentrierten SPIONs *AB-01-Fertig* mit 10 ml Desmodurs® 15S27 und 0,3 ml 1,4-Butandiol Baytec® XL B vermischt wurden. Das Gemisch wurde dann in die erhitzen und kalten Formen gefüllt. Als kalte Formen dienten auch bei diesem Versuch Einwegpasteurpipetten, mit denen das Gemisch aufgezogen wurde. Zusätzlich wurden wieder kleinere Pipetten mit Silikonfett beschichtet und in die gefüllten größeren Pipetten gesteckt. Es wurde anschließend wie bei den Versuchen zuvor verfahren.

Zur Vorbereitung für die vierte Versuchsreihe wurde eine Spritzgussform für einen Modellkatheter bzw. Schlauch hergestellt. Das Modell für diese Form wurde mit Hilfe der Software SolidWorks 2010-2011 konstruiert. Sie besteht aus fünf Einzelteilen (siehe Anhang B.). Der Außendurchmesser beträgt 14 mm und der Innendurchmesser 10 mm. Die Form wurde aus dem Kunststoff POM angefertigt.

Kapitel 3. Material und Methoden

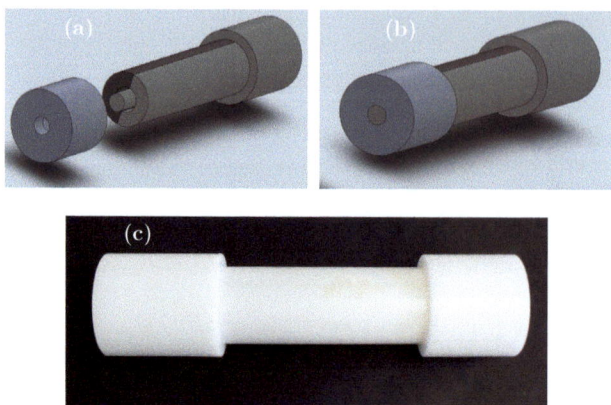

Abbildung 3.4.: SolidWorks-Simulation der Spritzgussform. (a) Simulation mit abgenommenem Deckel. (b) Simulation der zusammengefügten Einzelteile. (c) Nachgebaute Form aus POM.

Anschließend wurde auch hier Vulkollan® nach Anleitung [3] hergestellt. Das Desmodur® 15S27 und die POM-Form wurden bei 110 °C für 3 h erhitzt. Die SPION-Konzentration wurde hier allerdings wieder verringert. Somit wurden 1 ml der aufkonzentrierten SPIONs *AB-05-Unten* mit 20 ml Desmodurs® 15S27 und 0,6 ml 1,4-Butandiol Baytec® XL B vermischt. Anschließend wurden die Einzelteile der POM-Form mit einer dünnen Schicht Silikonfett überzogen, zusammengesetzt und mit dem Polymer gefüllt. Daraufhin wurde wie bei den Versuchen zuvor verfahren.

# 4
# Ergebnisse

In diesem Kapitel werden die Ergebnisse aller Messreihen ausgewertet und anschließend miteinander verglichen. Dabei bezieht sich die Auswertung auf die MPI-Kompatibilität der Coatings in Hinblick auf eine zukünftige medizintechnische Anwendung. Zudem wird bei der mikroskopischen Kontrolle und den Haftungstests untersucht, ob die SPIONs die Oberflächeneigenschaften und die Haftung der Coatings beeinflussen. Am Ende wird versucht eine Bewertung darüber abzugeben, ob das Prinzip von mit SPIONs beschichteten Kathetern bzw. gegossenen Kathetern aus Kunststoff mit eingefassten SPIONs, MPI-Aufnahmen zulässt.

## 4.1. Auswertung der Messdaten

Die Auswertung der Messdaten ist unterteilt in *Kontrolle der Haftung und Oberflächenstruktur*, *Charakterisierung durch MPS* und *Charakterisierung durch MPI*. Die Darstellung der Ergebnisse der Messdaten innerhalb dieser Einteilung, erfolgt in chronologischer Reihenfolge ihrer Durchführung. In *Kontrolle der Haftung und Oberflächenstruktur* werden die Ergebnisse aus dem Versuch 3.2.2. dargestellt, in *Charakterisierung durch MPS* die Ergebnisse aus den Versuchen 3.2.1. und 3.2.4. und in *Charakterisierung durch MPI* die Ergebnisse aus dem Versuch 3.2.3..

### 4.1.1. Kontrolle der Haftung und Oberflächenstruktur

Die Lack- und Coatingproben aus dem Versuch 3.2.2. wurden mittels AFM mikroskopisch untersucht. Dabei wurde die Veränderung der Topographie bei den Coatings mit den partikelfreien Lacken verglichen. Hierfür wurden die Bilder der Phasenverzögerung der unterschiedlichen Proben gegenüber gestellt. Diese Bilder wurden im AC-Tapping-Mode aufgenommen, wobei die abfallende Amplitude des schwingenden Cantilevers die vertikale Bewegung des Piezoelements bestimmt [23].

*Kapitel 4. Ergebnisse*

Beim ersten partikelfreien Lack ist die Oberfläche regelmäßig strukturiert. Im Gegensatz dazu sind sowohl bei Coating Nr. 1 auf aufgerauter Oberfläche als auch Coating Nr. 1 auf unbehandelter Oberfläche starke Unregelmäßigkeiten in der Topographie zu erkennen. Allerdings könnten diese Unregelmäßigkeiten auf die Beschaffenheit der PE-Folie, die mit den Coatings beschichtet wurde, zurückzuführen sein.

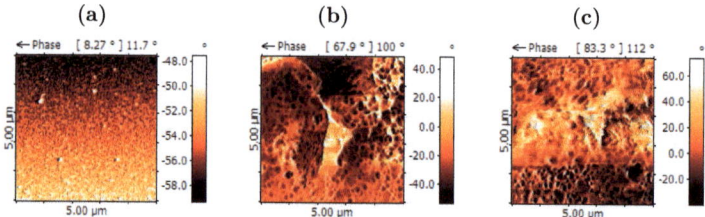

Abbildung 4.1.: (a) Partikelfreier Lack Nr. 1. (b) Coating Nr. 1 auf aufgerauter Oberfläche. (c) Coating Nr. 1 auf unbehandelter Oberfläche.

Der zweite Lack unterscheidet sich deutlich vom ersten. Hier zeigt der partikelfreie Lack eine sehr unregelmäßig strukturierte Oberfläche. Im Gegensatz zum ersten Lack sind hier die Coatings auf aufgerauter sowie unbehandelter PE-Folie regelmäßiger und glatter.

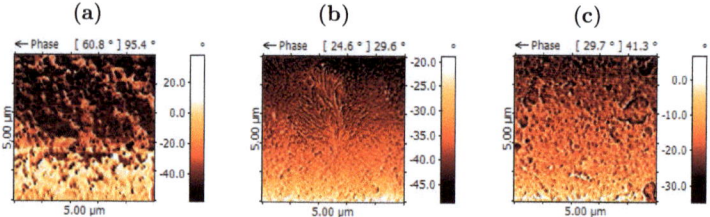

Abbildung 4.2.: (a) Partikelfreier Lack Nr. 2. (b) Coating Nr. 2 auf aufgerauter Oberfläche. (c) Coating Nr. 2 auf unbehandelter Oberfläche.

Beim dritten Lack weist die Oberflächenstruktur der partikelfreien Probe viele kleine gleichmäßig verteilte Unregelmäßigkeiten auf. Beim Coating Nr. 3 auf aufgerauter Oberfläche nimmt zwar die Anzahl der Unregelmäßigkeiten ab, allerdings werden diese insgesamt größer. Die regelmäßigste Topographie zeigt Coating Nr. 3 auf unbehandelter Oberfläche (siehe Abbildung 4.3.).

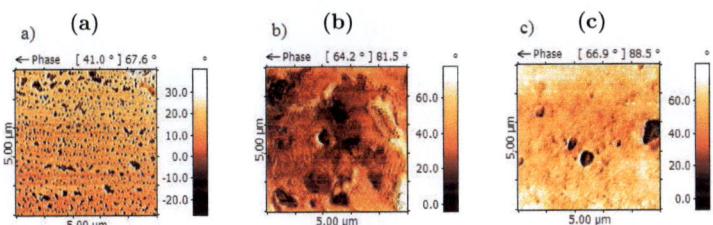

Abbildung 4.3.: (a) Partikelfreier Lack Nr. 3. (b) Coating Nr. 3 auf aufgerauter Oberfläche. (c) Coating Nr. 3 auf unbehandelter Oberfläche.

Beim vierten Lack ist die Topographie der partikelfreien Probe vergleichbar mit den Coatings. Alle drei Proben weisen eine regelmäßige Topographie auf. Die geringe Strukturveränderung in Abbildung (b) ist sehr wahrscheinlich auf die Struktur der beschichteten und aufgerauten PE-Folie zurückzuführen.

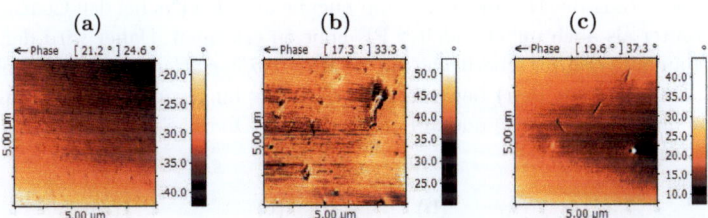

Abbildung 4.4.: (a) Partikelfreier Lack Nr. 4. (b) Coating Nr. 4 auf aufgerauter Oberfläche. (c) Coating Nr. 4 auf unbehandelter Oberfläche.

Auch beim fünften Lack ist die Oberflächenstruktur aller Proben durchaus vergleichbar. Vor allem der partikelfreie Lack und das Coating auf aufgerauter PE-Folie zeigen eine ähnliche Topographie. Lediglich das Coating auf der unbehandelten Folie weist einige gröbere Unregelmäßigkeiten auf (siehe Abbildung 4.5.).

*Kapitel 4. Ergebnisse*

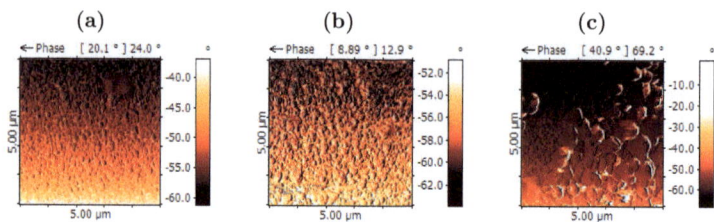

Abbildung 4.5.: (a) Partikelfreier Lack Nr. 5. (b) Coating Nr. 5 auf aufgerauter Oberfläche. (c) Coating Nr. 5 auf unbehandelter Oberfläche.

Die mit Coatings beschichteten PE-Folien wurden im Versuch 3.2.2. des Weiteren mittels Haftungstest anhand der Tabelle in Kapitel 3.2.2. bewertet. Beim ersten Lack ist generell zu erkennen, dass sowohl der partikelfreie Lack als auch die Coatings auf der aufgerauten Oberfläche besser haften als auf unbehandelter PE-Folie. Dennoch ist eine leichte Verbesserung der Haftung durch die Zugabe der SPIONs bei den Coatings sowohl auf aufgerauter als auch unbehandelter PE-Folie zu erkennen. Daher wird der Halt von Lack Nr. 1 auf aufgerauter Oberfläche mit 3 (*Mittelmäßiger Halt*) und auf unbehandelter Oberfläche mit 5 (*Kein Halt*) bewertet. Die Coatings hingegen werden auf aufgerauter Oberfläche mit 2 (*Guter Halt*) und auf unbehandelter Oberfläche mit 4 (*Schlechter Halt*) bewertet.

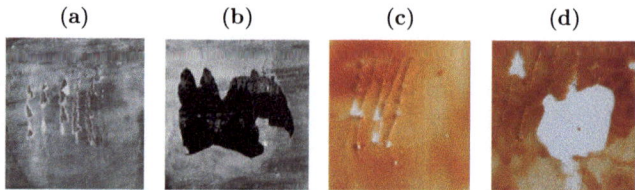

Abbildung 4.6.: (a) Partikelfreier Lack Nr. 1 auf aufgerauter PE-Folie. (b) Partikelfreier Lack Nr. 1 auf unbehandelter PE-Folie. (c) Coating Nr. 1 auf aufgerauter Oberfläche. (d) Coating Nr. 1 auf unbehandelter PE-Folie.

Beim zweiten Lack ist noch einmal deutlicher zu erkennen, dass durch die Zugabe von SPIONs der Halt der Coatings gegenüber dem partikelfreien Lack sowohl auf aufgerauter als auch auf unbehandelter PE-Folie verbessert wird. Generell ist auch hier bei allen Proben der Halt auf aufgerauter Oberfläche stärker. Somit wird der Halt von Lack Nr. 2 auf aufgerauter Oberfläche mit 3 (*Mittelmäßiger Halt*) und auf unbehandelter Oberfläche mit 4 (*Schlechter Halt*) bewertet. Bei den Coatings ist die Wertung mit 2 (*Guter Halt*) auf aufgerauter Oberfläche und 3 (*Mittelmäßiger Halt*) auf unbehandelter Oberfläche leicht verbessert (siehe Abbildung 4.7.).

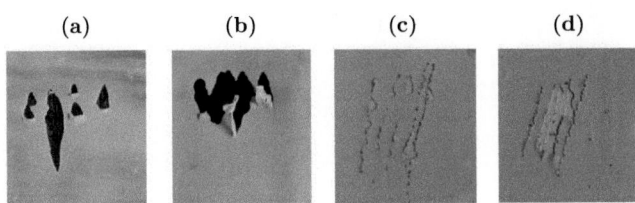

Abbildung 4.7.: (a) Partikelfreier Lack Nr. 2 auf aufgerauter PE-Folie. (b) Partikelfreier Lack Nr. 2 auf unbehandelter PE-Folie. (c) Coating Nr. 2 auf aufgerauter Oberfläche. (d) Coating Nr. 2 auf unbehandelter PE-Folie.

Beim dritten Lack ist die allgemeine Haftung generell deutlich besser als bei den Lacken zuvor. Allerdings wird die Haftung durch das Aufrauen der Oberfläche und die Zugabe von SPIONs noch verbessert. Damit kann der Halt von Lack Nr. 3 auf aufgerauter Oberfläche mit 2 (*Guter Halt*) und auf unbehandelter Oberfläche mit 3 (*Mittelmäßiger Halt*) bewertet werden. Der Halt der Coatings auf aufgerauter Oberfläche wird mit 1 (*Sehr guter Halt*) und auf unbehandelter Oberfläche ebenfalls mit 1 (*Sehr guter Halt*) bewertet.

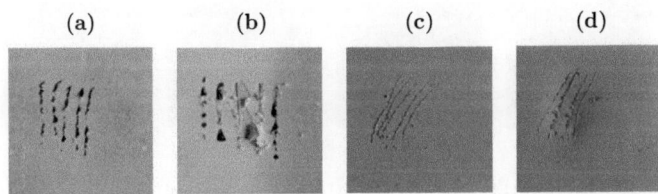

Abbildung 4.8.: (a) Partikelfreier Lack Nr. 3 auf aufgerauter PE-Folie. (b) Partikelfreier Lack Nr. 3 auf unbehandelter PE-Folie. (c) Coating Nr. 3 auf aufgerauter Oberfläche. (d) Coating Nr. 3 auf unbehandelter PE-Folie.

Beim vierten Lack ist der allgemeine Halt besser als beispielsweise bei Lack Nr. 1. Auch hier verbessert sich die Haftung durch die Zugabe von SPIONs und das Präparieren der Oberfläche (siehe Abbildung 4.9.). Der Halt von Lack Nr. 4 auf aufgerauter Oberfläche kann mit 2 (*Guter Halt*) und auf unbehandelter PE-Folie ebenfalls mit 2 (*Guter Halt*) bewertet werden. Der Halt der Coatings verbessert sich bei aufgerauter Oberfläche auf 1 (*Sehr guter Halt*) und bei unbehandelter Oberfläche ebenfalls auf 1 (*Sehr guter Halt*).

Kapitel 4. Ergebnisse

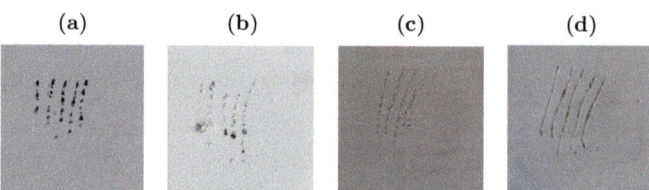

Abbildung 4.9.: (a) Partikelfreier Lack Nr. 4 auf aufgerauter PE-Folie. (b) Partikelfreier Lack Nr. 4 auf unbehandelter PE-Folie. (c) Coating Nr. 4 auf aufgerauter Oberfläche. (d) Coating Nr. 4 auf unbehandelter PE-Folie.

Beim fünften Lack wird der Halt durch Zugabe von SPIONs deutlich verschlechtert, auch auf aufgerauter Oberfläche. Der Halt von Lack Nr. 5 auf aufgerauter PE-Folie kann mit 1 (*Sehr guter Halt*) und auf unbehandelter Oberfläche mit 2 (*Guter Halt*) bewertet werden. Der Halt der Coatings dagegen auf aufgerauter Oberfläche kann mit 4 (*Schlechter Halt*) und auf unbehandelter Oberfläche lediglich mit 5 (*Kein Halt*) bewertet werden.

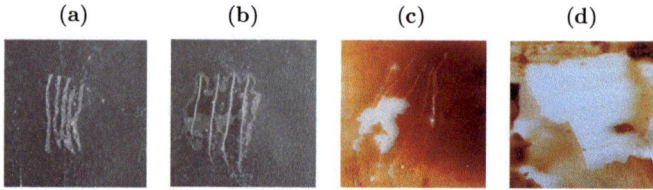

Abbildung 4.10.: (a) Partikelfreier Lack Nr. 5 auf aufgerauter PE-Folie. (b) Partikelfreier Lack Nr. 5 auf unbehandelter PE-Folie. (c) Coating Nr. 5 auf aufgerauter Oberfläche. (d) Coating Nr. 5 auf unbehandelter PE-Folie.

### 4.1.2. Charakterisierung durch MPS

Eine Charakterisierung mittels MPS wurde in den Versuchen 3.2.1. sowie 3.2.4. durchgeführt. Bei der Auswertung der Messdaten wurde der Graph des halblogarithmischen Amplitudenspektrums betrachtet. Dabei wurden lediglich die ungeraden Harmonischen beurteilt, die auf die dritte Harmonische normalisiert wurden. Zwischen den Messungen wurden Leermessungen durchgeführt. Bei einer Leermessung werden die Signale aufgezeichnet, die nicht durch die SPIONs hervorgerufen werden. Dieses Rauschen wird dann automatisch von den anderen Messungen abgezogen, wodurch sich das Signal verbessert. Als Referenzprobe wurden im Versuch 3.2.1. die partikelfreien Lacke unter denselben Bedingungen wie die puren SPIONs, die Lackmischungen und Coatings untersucht. Die Messung der puren SPIONs dient als Referenzprobe, um die Qualität des MPS-Signals der Lackmischungen und Coatings zu beurteilen.

Wie erwartet zeigten alle fünf partikelfreien Lacke nur ein geringes MPS-Signal im Vergleich zu den puren SPIONs, den Lackmischungen und den Coatings. Mitunter weisen die Lacke ein starkes Rauschen auf, vergleichbar mit dem Rauschen während einer Leermessung. Im Gegensatz dazu zeigen die SPIONs ein klares rauschfreies Signal.

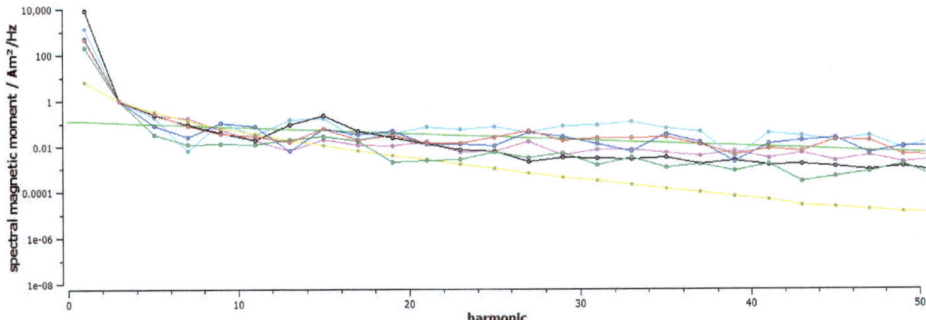

Abbildung 4.11.: Amplitudenspektrum der fünf partikelfreien Lacke zusammen mit einer Leermessung normalisiert auf die dritte Harmonische. Das MPS-Signal ist schwach und weist starkes Rauschen auf, sowohl bei den puren Lacken, als auch bei der Leermessung. ( • Lack Nr. 1 Pur, • Lack Nr. 2 Pur, • Lack Nr. 3 Pur, • Lack Nr. 4 Pur, • Lack Nr. 5 Pur, • SPIONs KLB-070-Mitte, • Leermessung, • Fit)

Auch die Proben der Lackmischungen zeigen ein zufriedenstellendes MPS-Signal, welches eine Anwendbarkeit für MPI verspricht. Da alle Lackmischungen auf Basis der gleichen SPIONs und im gleichen Mischverhältnis hergestellt wurden, ist auch das Ergebnis des Vergleichs der unterschiedlichen Mischungen wie zu erwarten: Alle Lackmischungen weisen ein mit den puren SPIONs identisches und zufriedenstellendes MPS-Signal im Vergleich zur Leermessung auf (siehe Abbildung 4.12.).

Kapitel 4. Ergebnisse

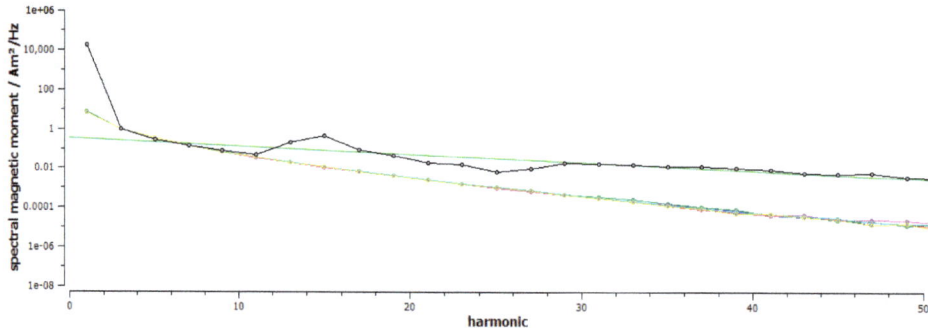

Abbildung 4.12.: Die fünf Lackmischungen zusammen mit einer Leermessung normalisiert auf die dritte Harmonische. Das Signal ist bei allen Lackmischungen identisch mit der SPION-Referenzprobe.( • Lackmischung Nr. 1, • Coating Nr. 2, • Lackmischung Nr. 3, • Lackmischung Nr. 4, • Lackmischung Nr. 5, • SPIONs *KLB-070-Mitte*, • Leermessung, • Fit)

Die Proben der Coatings auf unbehandelter Folie weisen leichte Unterschiede auf. Ab etwa der 27. Harmonischen fällt bei allen Coatings eine deutliche Zunahme an Rauschsignalen im Vergleich zur SPION-Referenzprobe auf. Dies könnte auf bestimmte Eigenschaften der PE-Folie als Trägermaterial zurückzuführen sein. Allerdings kann auch allgemeine messtechnische Ungenauigkeit oder Verunreinigung bzw. Beschädigung der Probe oder der Folie als Ursache in Frage kommen.

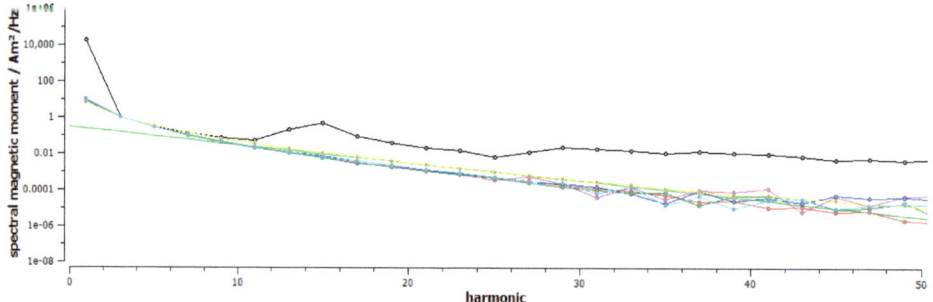

Abbildung 4.13.: Amplitudenspektrum der fünf Coatings auf unbehandeltem Trägermaterial, mit ähnlichem Signal zur SPION-Referenzprobe. ( • Coating Nr. 1 nicht aufgeraut, • Coating Nr. 2 nicht aufgeraut, • Coating Nr. 3 nicht aufgeraut, • Coating Nr. 4 nicht aufgeraut, • Coating Nr. 5 nicht aufgeraut, • SPIONs *KLB-070-Mitte*, • Leermessung, • Fit)

Die MPS-Signale der Proben der Coatings auf aufgerauter Folie sind in etwa identisch mit den Coatings auf unbehandelter Folie. Auch hier kommt es ca. ab der 27. Harmonischen zu verstärkten Rauschsignalen bei den Proben der Coatings. Aufgrund der Redundanz der Rauschsignale, lässt sich die Eigenschaften der PE-Folie als Trägermaterial, unbehandelt sowie aufgeraut, als mögliche Ursache für die Rauschsignale in Betracht ziehen.

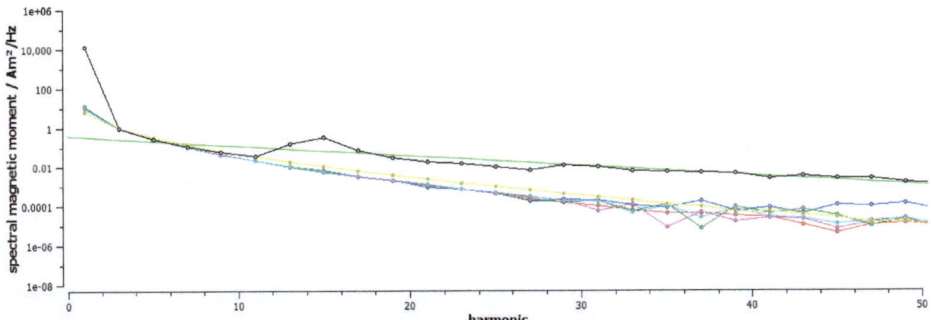

Abbildung 4.14.: Amplitudenspektrum der fünf Coatings auf unbehandeltem Trägermaterial, mit ähnlichem Signal zur SPION-Referenzprobe. ( • Coating Nr. 1 aufgeraut, • Coating Nr. 2 aufgeraut, • Coating Nr. 3 aufgeraut, • Coating Nr. 4 aufgeraut, • Coating Nr. 5 aufgeraut, • SPIONs *KLB-070-Mitte*, • Leermessung, • Fit)

Die MPS-Daten der Messungen aus Versuch 3.2.4. sollen zeigen, ob die SPIONs, die direkt in PU eingearbeitet wurden, eine ausreichende Magnetisierung beibehalten, um in MPI eingesetzt zu werden. Es wurden jeweils Proben des partikelfreien PU-Elastomers Vulkollan®, der puren SPIONs und der SPION-Vulkollan®-Mischung gemessen. Als erstes wurden die Messdaten des Versuchs mit den Partikeln *Iron (II, III) oxide nanopowder, 50 nm, 98 % trace metal base* der Firma Sigma-Aldrich aufgenommen. Die Auswertung zeigt, dass der partikelfreie Kunststoff wie erwartet ein deutlich geringeres Signal im Vergleich zu den puren SPIONs abgibt. Das Signal ist sogar deutlich niedriger als das der Leermessung, allerdings zeigen beide Signale ein ähnliches Rauschverhalten. Die Magnetisierung der puren SPIONs ist zufriedenstellend und scheint ausreichend für MPI-Messungen. Normalisiert auf die dritte Harmonische wird deutlich, dass bis etwa zur 11. Harmonischen die Signale der puren SPIONs und der Vulkollan®-SPION-Mischung übereinstimmen. Oberhalb der 11. Harmonischen nimmt das Rauschen bei Vulkollan®-SPION-Mischung allerdings zu, wodurch das Signal stark abnimmt. Somit ist fraglich, ob das Signal für erfolgreiche MPI-Messungen ausreichend ist (siehe Abbildung 4.15.).

*Kapitel 4. Ergebnisse*

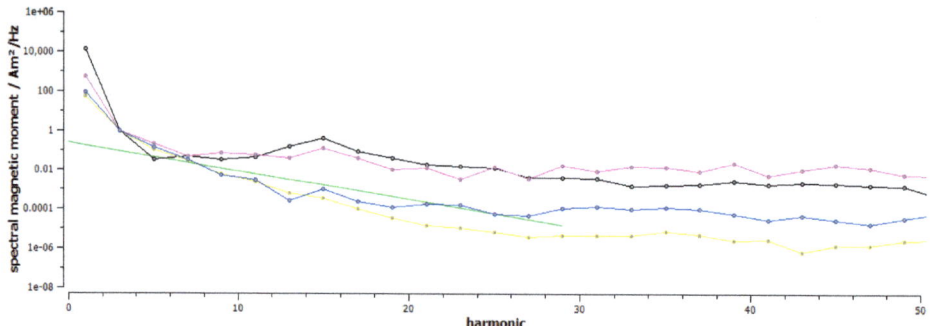

Abbildung 4.15.: Amplitudenspektrum der Proben der Partikel *Iron (II, III) oxide nanopowder, 50 nm, 98 % trace metal base* der Firma Sigma-Aldrich. (• Vulkollan® mit Partikeln von Sigma-Aldrich, • nur Vulkollan® (PU), • Partikel von Sigma-Aldrich, • Leermessung, • Fit)

Als zweites wurden die Messdaten der Proben mit den SPIONs *KLB-058-Mitte* aufgenommen. Auch hier hat der partikelfreie Kunststoff ein etwas geringeres Signal als die Leermessung, allerdings mit ähnlichem Rauschverhalten. Zudem ist die Magnetisierung der puren SPIONs durchaus zufriedenstellend und scheint für MPI-Messungen gut geeignet zu sein. Normalisiert auf die dritte Harmonische stimmt hier das Signal der Vulkollan®-SPION-Mischung bis etwa zur 23. Harmonischen mit dem Signal der puren SPIONs überein. Oberhalb der 23. Harmonischen beginnt beim Signal der Mischung ein leichtes Rauschen. Verglichen mit der Mischung mit den Partikeln von Sigma-Aldrich, ist dieses Rauschen jedoch deutlich geringer. Die Vulkollan®-SPION-Mischung mit den SPIONs *KLB-058-Mitte* scheint also deutlich besser für MPI-Messungen geeignet zu sein (siehe Abbildung 4.16.).

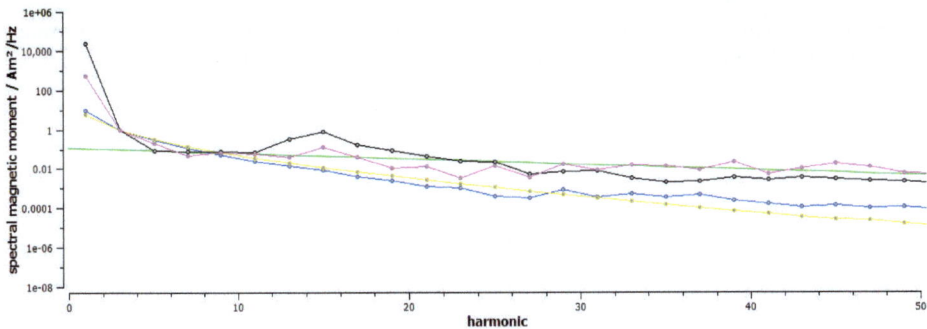

Abbildung 4.16.: Amplitudenspektrum der Proben der Partikel *KLB-058-Mitte*. (• Vulkollan® mit SPIONs *KLB-058-Mitte*, • nur Vulkollan® (PU), • SPIONs *KLB-058-Mitte*, • Leermessung, • Fit)

Als nächstes wurden die Messdaten der Proben des Versuchs mit den SPIONs *KLB-051-Mitte* aufgenommen. Wie bei den Ergebnissen zuvor, ist das Signal des partikelfreien Kunststoffes hier ebenfalls geringer als die Leermessung, besitzt jedoch ein vergleichbares Rauschen. Auch hier haben die puren SPIONs ein zufriedenstellendes Signal. Das Signal der Vulkollan®-SPION-Mischung stimmt hier sogar bis zur 31. Harmonischen in etwa mit dem Signal der puren SPIONs überein, erst dann folgen Rauschsignale.

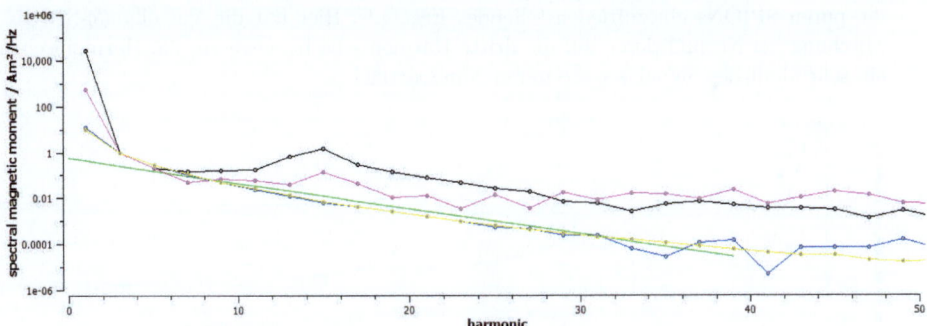

Abbildung 4.17.: Amplitudenspektrum der Proben der Partikel *KLB-051-Mitte*. (• Vulkollan® mit SPIONs *KLB-051-Mitte*, • nur Vulkollan® (PU), • SPIONs *KLB-051-Mitte*, • Leermessung, • Fit)

Als nächstes wurden die Messdaten der Proben des Versuchs mit den SPIONs *AB-01-Fertig* aufgenommen. Auch hier ist das Signal des partikelfreien Kunststoffes wie erwartet niedriger als das der puren SPIONs. Wie bei den Ergebnissen zuvor haben die puren SPIONs ein sehr zufriedenstellendes Signal. Hier ist das Signal der Vulkollan®-

SPION-Mischung beim Normalisieren auf die dritte Harmonische bis zur 31. Harmonischen ebenfalls in etwa identisch mit dem Signal der puren SPIONs.

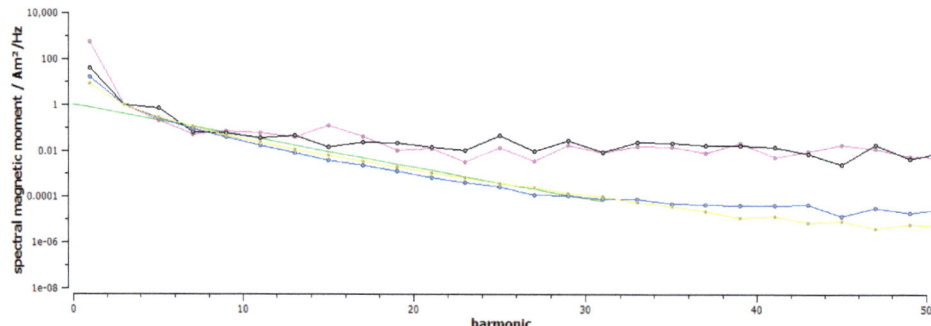

Abbildung 4.18.: Amplitudenspektrum der Proben der Partikel *AB-01-Fertig*. (• Vulkollan® mit SPIONs *AB-01-Fertig*, • nur Vulkollan® (PU), • SPIONs *AB-01-Fertig*, • Leermessung, • Fit)

Als letztes wurden die Messdaten der Proben des Versuchs mit den SPIONs *AB-05-Unten* aufgenommen. Auch diese Ergebnisse zeigen, dass der partikelfreie Kunststoff ein niedrigeres Signal als das der puren SPIONs hat. Wie bei den Ergebnissen zuvor haben die puren SPIONs ein zufriedenstellendes Ergebnis. Hier hat die Vulkollan®-SPION-Mischung bei Normalisieren auf die dritte Harmonische bis etwa zur 33. Harmonischen ein sehr ähnliches Signal wie die puren Nanopartikel.

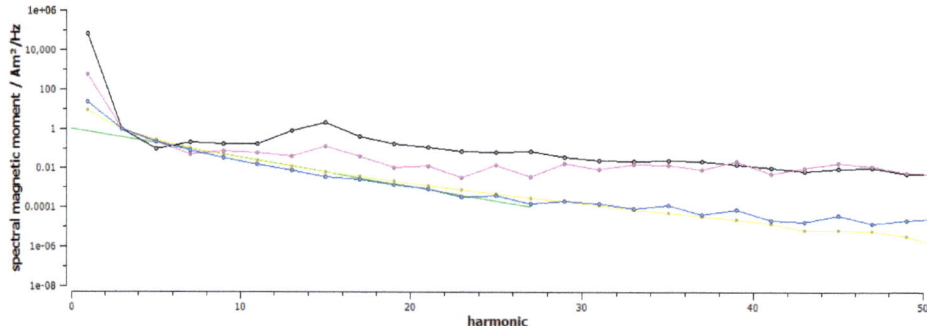

Abbildung 4.19.: Amplitudenspektrum der Proben der Partikel *AB-05-Unten*. (• Vulkollan® mit SPIONs *AB-05-Unten*, • nur Vulkollan® (PU), • SPIONs *AB-05-Unten*, • Leermessung, • Fit)

## 4.1.3. Charakterisierung durch MPI

Eine Charakterisierung der Coatings mittels MPI wurde im Versuch 3.2.3. durchgeführt. Innerhalb dieser Arbeit wird die Auflösung der MPI-Bilder mit Hilfe der Halbwertsbreite bzw. der Full Width at Half Maximum (FWHM) verglichen und bewertet. Zu diesem Zweck wurde eine Punktprobe im MPI gemessen, d.h. die puren SPIONs wurden ohne Trägermaterial in ein geeignetes Phantom gegeben und anschließend die Messungen durchgeführt. Das Ergebnis der Punktprobe der SPIONs *KLB-067-Unten* liegt als Point Spread Function(PSF) vor, welche in ihre x- und y-Komponenten unterteilt wird.

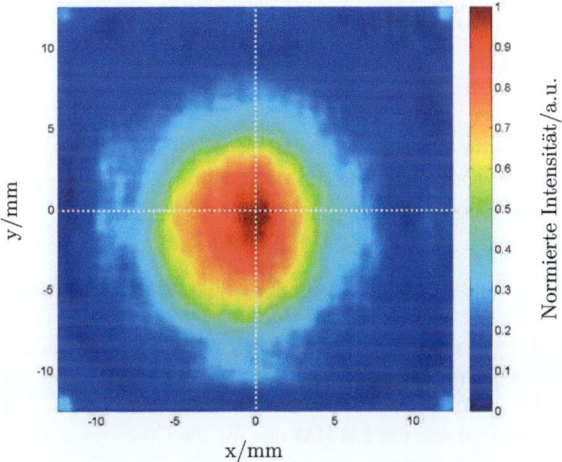

Abbildung 4.20.: Zweidimensionale PSF der Punktprobe *KLB-067-Unten* unterteilt in x-und y-Komponente.

Über die eindimensionale PSF der x-und y-Komponente lässt sich die FWHM ermitteln. Generell gilt, je kleiner die FWHM, desto besser ist die Auflösung des Bildes [17]. Die folgende Abbildung zeigt die einzelnen PSF der x-und y-Komponenten der Punktprobe und die FWHM. Die FWHM der x-Komponente beträgt 9,6 mm, die FWHM der y-Komponente 10,7 mm. Der Mittelwert errechnet aus den FWHM der beiden Komponenten beträgt 10,15 mm (siehe Abbildung 4.21.).

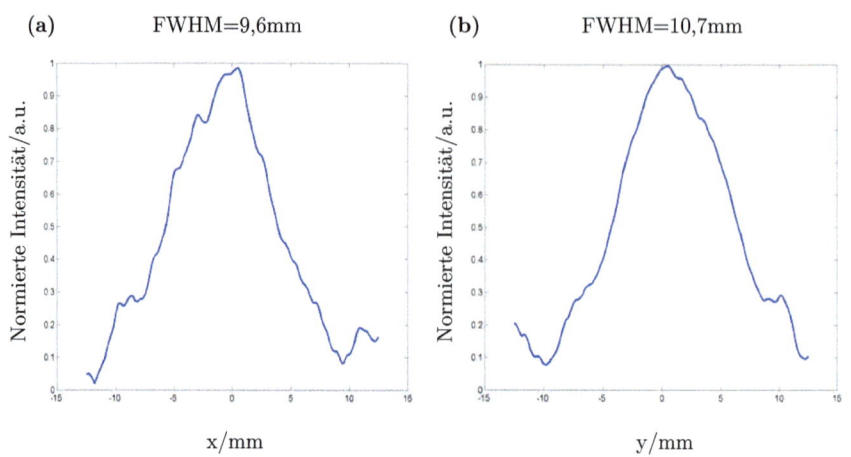

Abbildung 4.21.: Eindimensionale PSF der x-und y-Komponente der Punktprobe *KLB-067-Unten*. Die FWHM der x-Komponente beträgt 9,6 mm, die FWHM der y-Komponente 10,7 mm.(• PSF)

Durch die zweifache Entfaltung innerhalb des Bildgebungsalgorithmus des hier verwendeten FFL-Scanners (siehe Kapitel 2.3.), dezimiert sich die FWHM vom Rohsignal deutlich bis zum letztendlich verwendeten Signal. Bei Punktproben mit den SPIONs Resovist® ist die FWHM des Rohsignals zwar bei 9,2 mm allerdings verkleinert sich diese nach zweifacher Entfaltung auf 5,5 mm [4]. Damit ist die letztendliche FWHM des Resovist® nur in etwa halb so groß wie die FWHM der für die Coatings verwendeten SPIONs.

Anschließend zur Punktprobe wurden MPI-Aufnahmen der Katheter-Modelle gemacht. Die folgenden Bilder zeigen die zweidimensionale PSF sowie die dreidimensionale PSF nach zweifacher Entfaltung der fünf beschichteten Katheter-Modelle. Gut, wenn auch etwas verschwommen lässt sich das Coating (hellgrau bzw. gelb) bei allen Modellen von dem Trägermaterial und der Schutzhülle bzw. den Schläuchen (dunkelgrau bzw. rot) abgrenzen. Die undeutlichen Konturen lassen sich auf die Relaxation der SPIONs zurückführen [4]. Am deutlichsten ist dies bei Coating Nr. 3 zu erkennen. Hier ist die Verteilung der SPIONs auf dem Trägermaterial regelmäßig und man erkennt besonders gut, wo das Coating zwischen inneren und äußeren Schlauch beginnt. Bei den restlichen Coatings sind sowohl in der zweidimensionalen als auch dreidimensionalen PSF Unregelmäßigkeiten in der Verteilung der SPIONs zu erkennen. Besonders deutlich sind diese Unregelmäßigkeiten bei Coating Nr. 1 und Coating Nr. 4 festzustellen (siehe Abbildung 4.22.).

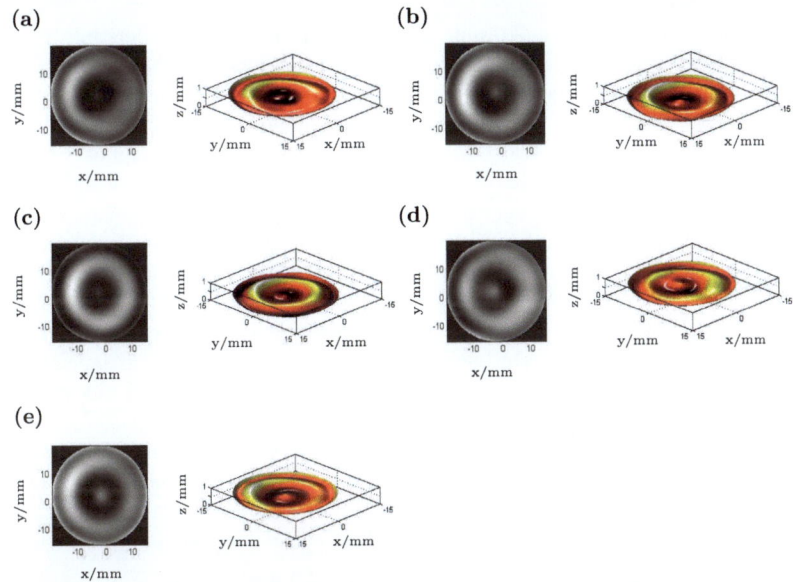

Abbildung 4.22.: Zweidimensionale und dreidimensionale PSF der beschichteten Katheter-Modelle. (a) Modell mit Coating Nr. 1. (b) Modell mit Coating Nr. 2. (c) Modell mit Coating Nr. 3. (d) Modell mit Coating Nr. 4. (e) Modell mit Coating Nr. 5.

## 4.2. Vergleich und Bewertung der Messdaten

Die mikroskopische Kontrolle und die Haftungstests der unterschiedlichen Coatings wurden im Vergleich zu den partikelfreien Lacken durchgeführt. So sollte festgestellt werden, ob durch die Zugabe von SPIONs die Eigenschaften der Lacke in Bezug auf ihre Oberflächenstruktur und ihren Halt auf Kunststoffen beeinflusst wird. Dadurch soll eine medizinische Anwendbarkeit als Beschichtung von Kunststoffobjekten, wie Kathetern oder Plastik-Aufsätzen von Untersuchungsbesteck, geklärt werden. Die Anwendbarkeit soll dabei beispielsweise nicht durch eine auffällig unregelmäßige Oberflächenstruktur negativ beeinflusst werden. Eine regelmäßige und glatte Oberfläche ist zum Beispiel beim Einsatz von Kathetern besonders wünschenswert. Die Haftung der Coatings ist ebenfalls von entscheidender Bedeutung. Diese sollte besonders gut sein und sich durch die Zugabe der SPIONs nicht verschlechtern. Die Ergebnisse der mikroskopische Kontrolle und Haftungstest zeigen, dass besonders die als Grundkomponente dienenden Lacke mit Titandioxid (Lack Nr. 2, Lack Nr. 4) bzw. Zinkweiß und Talkum (Lack Nr. 3) als Farbstoff gut für Coatings geeignet sind. Bei diesen Lacken zeigen die AFM-Aufnahmen eine besonders regelmäßige Topographie. Bei dem Haftungstest wird der Halt durch die SPIONs auf unbehandelter sowie aufgerauter Oberfläche nicht negativ beeinflusst, sondern sogar verbessert. Bei diesen Lacken ist sogar eine Präparation des Kunststoffes, der beschichtet werden soll, nicht nötig, da der Halt auf unbehandelten Untergrund in etwa identisch ist. Dies vereinfacht in der Praxis die Beschichtung und beeinflusst dabei die Topographie zusätzlich positiv, da die Oberfläche des Trägermaterials ja nicht zusätzlich aufgeraut wird. Bei der Herstellung der Coatings erweisen sich jedoch genau diese Lacke als problematisch, da sich die SPIONs ab einem 2:1 SPION-Lack-Verhältnis nur schwer mit dem Grundstoff verbinden. Hierbei zeigen sich die Lacke ohne Farbstoffe (Lack Nr. 1, Lack Nr. 5) in Bezug auf die Herstellung der Coatings als geeigneter. Dennoch ist bei Lack Nr. 1 und Lack Nr. 5 die Haftung der Coatings nicht zufriedenstellend. Auch die Oberflächenstruktur der aus diesen Lacken hergestellten Coatings ist unregelmäßiger als bei den Coatings Nr. 2, Nr. 3 und Nr. 4. Letztendlich darf jedoch bei der mikroskopische Kontrolle und den Haftungstests nicht außer Acht gelassen werden, dass die hier verwendeten Messmethodiken nur einem groben Vergleich dienen sollen. Die Auswertung der Ergebnisse beschränkt sich hier lediglich auf den optischen Vergleich. So werden beispielsweise die genauen Höhenunterschiede der AFM-Messungen nicht berechnet, zudem ist die Bewertung beim Haftungstest sehr subjektiv und folgt keiner standardisierten Norm.

Die Charakterisierung der Lacke und Coatings mit MPS zeigt, dass eine Anwendung für MPI möglich ist. Die Amplitudenspektren der Lackmischungen stimmen in etwa mit dem Spektrum der beigemischten SPIONs überein. Sowohl die Coatings auf unbehandelter Oberfläche als auch auf aufgerauter Oberfläche zeigen ein vergleichbares Amplitudenspektrum mit den verwendeten SPIONs. Die Magnetisierung der SPIONs wird folglich innerhalb der Anwendung als Coating nicht beeinflusst. Dies gilt ebenfalls für die in Vulkollan® eingefassten SPIONs. Auch hier wird in den MPS-Messungen gezeigt, dass die Magnetisierung bei allen SPIONs durch die Verbindung mit Vulkollan® nicht gravierend beeinträchtigt wird. Allerdings beeinflussen die unterschiedlichen SPIONs die Struktur und Flexibilität des Vulkollan®. Je geringer der Anteil des Wassers ist, der die SPIONs umgibt, desto weniger Luftblasen entstehen bei der Verbindung mit Vulkollan®. Die Luftblasen machen das Vulkollan® einerseits porös und wasserdurchlässiger, andererseits wird der Kunststoff so auch flexibler. In der Praxis kann die Flexibilität durchaus ein Vorteil sein, allerdings wird die Anwendbarkeit durch die Wasserdurchlässigkeit eingeschränkt. Auch erschwert die Entstehung von Luftblasen die Verarbeitung des Kunststoffes, da sich Formen nur noch sehr schwer befüllen lassen. Bei der Verwendung der Partikel von Sigma-Aldrich, welche kein Wasser enthalten, werden ein Aufschäumen des Vulkollan® und die Entstehung von Luftblasen zwar verhindert, allerdings wird der Kunststoff zu hart und unflexibel. Durch bestimmte Weichmacher, beispielsweise TIPA, könnte dem allerdings entgegengewirkt werden. Die folgende Tabelle liefert eine zusammengefassten Überblick der Komponenten und den Ergebnissen der gegossenen Vulkollan®-Schläuche.

| Abb. | SPIONs | Form | Beschreibung | Ergebnis |
|---|---|---|---|---|
| (a) | Partikel von Sigma-Aldrich, 1 g Partikel in 1,03 ml Vulkollan® | Weithalsbehälter (Probengefäß) | hart, unflexibel, schwer, keine Luftblasen | |
| (b) | KLB-058-Mitte, 0,4 ml SPIONs in 15,4 ml Vulkollan® | kalte Einwegpasteurpipette | weich, flexibel, leicht, Einschluss von kleinen Luftblasen | |
| (c) | KLB-051-Mitte, 2 ml SPIONs in 20,6 ml Vulkollan® | kalte Einwegpasteurpipetten, eingefettet | weich, flexibel, leicht, Einschluss von kleinen Luftblasen | |
| (d) | AB-01-Fertig, 1 ml SPIONs in 10,3 ml Vulkollan® | kalte Einwegpasteurpipetten, eingefettet | weich, flexibel, leicht, Einschluss von großen Luftblasen, porös | |
| (e) | AB-05-Unten, 1 ml SPIONs in 20,6 ml Vulkollan® | Form aus POM, eingefettet | weich, flexibel, leicht, Einschluss von großen Luftblasen, porös | |

Tabelle 4.1.: Überblick der Komponenten und der Ergebnissen der gegossenen Vulkollan®-Schläuche.

Die abschließende Charakterisierung der Modellkatheter bzw. Schläuche mit Hilfe von MPI bestätigt die Ergebnisse der Vorversuche. Alle Coatings können mit MPI detektiert und abgebildet werden. Dabei wird die Detektion durch keinen der als Grundkomponente genutzten Lacke beeinträchtigt. Die auf den MPI-Bildern zu erkennende unregelmäßige Verteilung des Tracer-Signals, könnte auf die Durchführung der Beschichtung zurückzuführen sein. Vier der beschichteten Katheter-Modelle zeigen in den MPI-Aufnahmen auf einer Seite des Schlauchs ein stärkeres (gelb) bzw. schwächeres (rot) Signal. Beim Trocknen der Beschichtungen könnten die Coatings am Modell heruntergelaufen sein, was diese unregelmäßige Verteilung der SPIONs und somit des Tracer-Signals hervorgerufen haben könnte.

*Kapitel 4. Ergebnisse*

Die folgende Abbildung zeigt Coating Nr. 1, Coating Nr. 2, Coating Nr. 4 und Coating Nr. 5 und die markierten unregelmäßigen Verteilungen der SPIONs. Coating Nr. 3 ist nicht abgebildet, da die Verteilung hier durchaus zufriedenstellend ist.

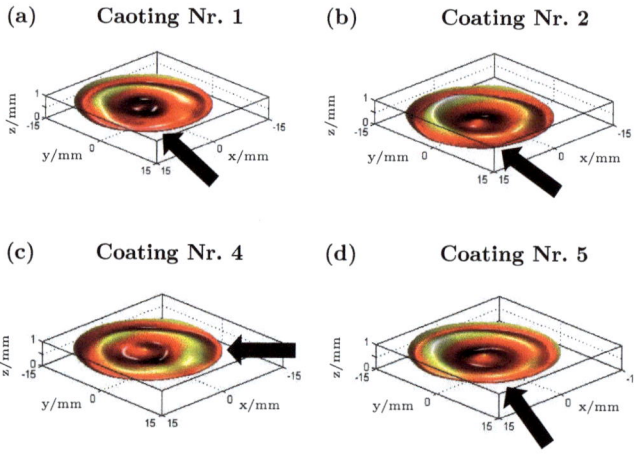

Abbildung 4.23.: Dreidimensionale PSF der beschichteten Katheter-Modelle. Der Pfeil deutet auf die stärksten Unregelmäßigkeiten bei der Verteilung der SPIONs innerhalb der Coatings.

# 5
# Fazit und Ausblick

Im Rahmen dieser Bachelorarbeit wurden MPI-kompatible, superparamagnetische Lacke hergestellt und charakterisiert, womit das erste Ziel erfüllt wurde. Dazu wurden verschieden Lacke ausgesucht und durch Mischen mit SPIONs die zu untersuchenden Coatings hergestellt. Anschließend wurde in Vorversuchen die Veränderung der Magnetisierung der einzelnen Komponenten zur Lackherstellung sowie der unterschiedlichen Trägermaterialien mit MPS untersucht. Des Weiteren wurde die Haftung und Oberflächenstruktur der Lacke und Coatings auf den verschiedenen Trägermaterialien unter anderem mikroskopisch überprüft und dargelegt. Abschließend wurde erfolgreich die MPI-Kompatibilität der superparamagnetischen Lacke bzw. Coatings nachgewiesen.

Auch das zweite Ziel, die SPIONs zusätzlich direkt mit dem künstlichen Polymer Polyurethan in Form von Vulkollan® zu verbinden und daraus bestimmte Formen herzustellen, wurde erstmals erfüllt. Darüber hinaus wurde auch hier die Veränderung der Magnetisierung bzw. die Magnetisierbarkeit des Materials mit Hilfe von MPS bestimmt.

Die superparamagnetischen Lacke wurden hinsichtlich ihrer Haftung, ihrer Oberflächenbeschaffenheit, ihrer Magnetisierbarkeit und ihrer MPI-Kompatibilität charakterisiert. Mit Coating Nr. 3 erfüllt einer, der in den Vorversuchen als für geeignet befundenen superparamagnetischen Lacke, die Anforderungen voll zufriedenstellend. Zwar erfüllen alle anderen Coatings ebenfalls die MPI-Kompatibilität, allerdings besitzen diese Defizite in der Haftung oder der Regelmäßigkeit der Topographie. Letztendlich schränkt keiner der Coatings die superparamagnetischen Eigenschaften der SPIONs ein, was darauf hindeutet, dass die Verbindung von SPIONs mit künstlichen Polymeren in Form von Lacken oder ähnlichem grundsätzlich möglich ist. Lediglich in der Verarbeitung als Coating ist ein Unterschied zu erkennen.

Ausgehend von den Ergebnissen dieser Bachelorarbeit bieten sich mehrere Ansätze zur Weiterentwicklung der Idee von superparamagnetischen Lacken zur Beschichtung von medizinischen Geräten an, die im Rahmen dieser Arbeit allerdings zeitlich nicht realisierbar waren.

So ist es vor allem in Hinblick auf eine spätere Anwendung im medizinischen Bereich sinnvoll die Biokompatibilität der Lacke und des Trägermaterials Vulkollan® genauer

## Kapitel 5. Fazit und Ausblick

zu untersuchen. Zwar sind die in dieser Arbeit verwendeten Polyacrylat-Dispersionen aromatenfrei und werden als umweltfreundlichere Alternative bei den Lacken eingestuft, allerdings garantiert diese keine uneingeschränkte Biokompatibilität. Dies gilt auch für die hier verwendeten lösemittelarmen Polyurethan-Dispersionen. Polyurethan wird zwar bereits in der Herstellung von Zahnpasta, Kosmetik und Haarpflegeprodukten verwendet, doch sichert dies noch keine Unbedenklichkeit in Bezug auf eine medizinische Anwendung im intravenösen Bereich.

Die Untersuchung der Haftung der Coatings könnte mit Hilfe von Tribometern, Ritztester oder Taber Abraser weiter ausgebaut und unter standardisierten Bedingungen durchgeführt werden.

Ein weiterer Ansatz wäre die Beschichtungstechnik. Im Rahmen dieser Arbeit wurden die Coatings mit einem handelsüblichen Pinsel aufgetragen und beim Trocknen nicht bewegt. Dadurch sind die Verteilung der Coatings und somit auch die SPIONs auf dem Modellkathetern sehr unregelmäßig, was ebenfalls in den MPI-Aufnahmen zu erkennen ist. Für eine spätere Anwendung sollte eine regelmäßige Verteilung und somit eine gleichmäßige Detektion im MPI gewährleistet sein. Zum einen könnte in diesem Sinne die Trockenzeit durch IR-Lampen verkürzt werden. In Kombination dazu könnten die Coatings unter Rotation mit entsprechendem Hilfsmitteln aufgesprüht werden, um einer ungleichmäßigen Verteilung entgegenzuwirken.

Ein anderer Ansatz zum Ausbau der Herstellung von Vulkollan® in Kombination mit SPIONs, wäre die Entwicklung von weiteren unterschiedlichen Spritzgussformen.

Zudem könnte der Prozess der Aufkonzentrierung der SPIONs, die mit Vulkollan® kombiniert werden sollen, weiter optimiert werden, sodass ein noch niedrigerer Wassergehalt erreicht wird, ohne dass es zum Verlust der Magnetisierbarkeit sowie anderer relevanter MPI-Tracer-Eigenschaften kommt. Indem der Wassergehalt so weit wie möglich reduziert wird, wird dem Aufschäumen des Polyurethans entgegengewirkt.

Im Anschluss an die allgemeine Optimierung der Vulkollan®-SPION-Kombination, sollten von den fertigen Katheter-Modellen ebenfalls MPI-Aufnahmen gemacht werden, um auch hier eine MPI-Kompatibilität zu überprüfen.

Da SPIONs bereits aktuell als Kontrastmittel in der MRT verwendet werden, könnten sich die superparamagnetischen Lacke auch in diesem Anwendungsgebiet etablieren. MPI wird momentan noch nicht für medizinische Anwendungen genutzt. Sollte man als weiteren Ansatz die MR-Kompatibilität der beschichteten Katheter-Modelle nach [26] nachweisen können, wäre ein praxisnaher Einsatz in der Medizin eventuell früher denkbar.

# Literaturverzeichnis

[1] ABELE, L. ; BODEN, H. et. al: *Kunststoff Handbuch*. Bd. 7: *Polyurethane*. 2. München, Wien : Hanser, 1983. – S. 7

[2] AHLSWEDE, E. : *Potential- und Stromverteilung beim Quanten-Hall-Effekt bestimmt mittels Rasterkraftmikroskopie*, Universität Stuttgart, Diss., 2002. – S. 34

[3] BAYER MATERIAL SCIENCE (Hrsg.): *Anleitung zur Herstellung von massiven Elastomeren auf Basis Desmodur® 15-Prepolymeren mit höchsten mechanischen und dynamischen Eigenschaften*. 25. Bayer Material Science, 2013. – S. 2ff

[4] BENTE, K. ; WEBER, M. et. al: Electronic Field Free Line Rotation and Relaxation Deconvolution in Magnetic Particle Imaging. In: *IEEE* (2014), S. 1–9. – DOI: 10.1109/TMI.2014.2364891

[5] BIEDERER, S. : *Magnet-Partikel-Spektrometer – Entwicklung eines Spektrometers zur Analyse superparamagnetischer Eisenoxid-Nanopartikel für Magnetic-Particle-Imaging*. Lübeck : Springer, 2012. – S. 39,38,40,3,185-186

[6] BONET, M. : *Kunststofftechnik - Grundlagen, Verarbeitung, Werkstoffauswahl und Fallbeispiele*. 2. Wiesbaden : Springer Vieweg, 2014. – S. 221

[7] CROFT, L. R. ; GOODWILL, P. W. et. al: Relaxation in X-Space Magnetic Particle Imaging. In: *IEEE Transactions on Medical Imaging* 31 (2012), Nr. 12, S. 2335–2342. – DOI: 10.1109/TMI.2012.2217979

[8] DOMININGHAUS, H. : *Kunststoffe - Eigenschaften und Anwendungen*. 8. Heidelberg, Dordrecht, London, New York : Springer, 2012. – S. 31-33,35,1257,1257,1172,1170,128,511

[9] ERDMANN, M. ; FLÜGGE, G. : *Experimentalphysik 6 - Elektrizität, Magnetismus*. Berlin, Heidelberg : Springer, 2012 (Physik Denken). – S. 72,92,72

[10] GLEICH, B. ; WEIZENECKER, J. : Tomographic Imaging Using the Nonlinear Response of Magnetic Particles. In: *Nature* 435 (2005), S. 1214–1217. – DOI: 10.1038/nature03808

[11] GOODWILL, P. W. ; CONOLLY, S. M.: The X-Space Formulation of the Magnetic

Particle Imaging Process: 1-D Signal, Resolution, Bandwidth, SNR, SAR and Magnetostimulation. In: *IEEE Transaction on Medical Imaging* 29 (2010), Nr. 11, S. 1851–1853. – DOI: 10.1109/TMI.20102052284

[12] HERING, E. ; MARTIN, R. et. al: *Physik für Ingenieure*. 10. Berlin, Heidelberg : Springer, 2007. – S. 351,351,353,371

[13] HÖLSCHER, H. ; ALLERS, W. et. al: Dynamische Rasterkraftmikroskopie - Atomen auf den Zahn gefühlt. In: *Physik in unserer Zeit* 33 (2002), Nr. 4, S. 179. – DOI: 10.1002/1521-3943(200207)33:4<178::AID-PIUZ178>3.0.CO;2-4

[14] KAISER, W. : *Kunststoffchemie für Ingenieure*. 3. München : Hanser, 2011. – S. 6

[15] KNOPP, T. ; ERBE, M. et. al: A Fourier Slice Theorem for Magnetic Particel Imaging using a Field Free Line. In: *Inverse Problems* 27 (2011), Nr. 9, S. 095004. – DOI: 10.1088/0266-5611/27/9/095004

[16] KOLTZENBURG, S. ; MASKOS, M. et. al: *Polymere: Synthese, Eigenschaften und Anwendungen*. Berlin, Heidelberg : Springer, 2014. – S. 15

[17] KONKLE, J. J. ; GOODWILL, P. W. et. al: Projection Reconstruction Magnetic Particle Imaging. In: *IEEE TRANSACTIONS ON MEDICAL IMAGING* 32 (2013), Nr. 2, S. 338ff. – DOI: 10.1109/TMI.2012.2227121

[18] LÜDTKE-BUZUG, K. : Von der Synthese zur klinischen Anwendung: Magnetische Nanopartikel. In: *Chemie Unserer Zeit* 46 (2012), S. 37ff,36,32,34,35,35. – DOI: 10.1002/ciuz.201200558

[19] LÜDTKE-BUZUG, K. ; BIEDERER, S. et. al: Analyse des Seperationsergebnisses bei der Herstellung Superparamagnetischer Eisenoxid-Nanopartikel für Magnetic Particle Imaging. In: *Biomed Tech* 55 (2010), S. 2,4. – DOI: 10.1515/BMT.2010.640

[20] LÜDTKE-BUZUG, K. ; DEBBELER, C. : Development of Superparamagnetic Surface Coatings. In: *Magnetic Particle Imaging IWMPI 2014 - Book of Abstracts* (2014), S. 158

[21] LÜTH, S. : *Entwicklung und Implementierung eines MPI-Sendefilters für einen FFl-Hasenscanner*. Lübeck, Universität zu Lübeck, Bachelorarbeit, 2013. – S. 3,4,5,6

[22] MARINESCU, M. : *Elektrische und magnetische Felder - Eine Praxisorientierte Einführung*. 3. Heidelberg : Springer, 2012. – S. 196

[23] MORRIS, V. ; KIRBY, A. et. al: *Atomic Force Microscopy for Biologists*. London : Imperial College Press, 2008. – S. 56

[24] RAITH, W. : *Lehrbuch der Experimentalphysik*. Bd. 2: *Elektromagnetismus*. 8. Berlin, New York : De Gruyter, 1999. – S. 842

[25] RUSAM, H. : *Anstriche und Beschichtungen im Bauwesen*. 2. Freiburg : Fraunhofer IRB Verlag, 2011. – S. 65-69

[26] SLABU, I. ; SCHMITZ-RODE, T. et. al: Superparamagnetic Iron Oxide for MR-Visualization of Textile Implants. In: *Magnetic Nanoparticles - Particle Science, Imaging Technology and Clinical Applications* (2010), S. 217ff

[27] STEINKE, T. : *Funktionalisierte, superparamagnetische Magnetit-Nanopartikel zum Einsatz in polymeren Kompositmaterial*, Unverstiät Hannover, Diss., 2013. – S. 28,37,37

[28] TIPPLER, P. A. ; MOSCA, G. : *Physik - Für Wissenschaftler und Ingenieure.* 2. München : Spektrum, 2006. – S. 823

*Literaturverzeichnis*

# A
# Tabellen

## A.1. Lacke für Coatings

| Nr. | Name | Beschreibung | Weitere Inhaltsstoffe |
|-----|------|--------------|----------------------|
| 1 | Swingcolor Klarlack 2 in 1, seidenmatt | Acrylat-Dispersion | Organische Füllstoffe, Wasser, Glykole, Additive, Methyl- und Benzisothiazolinon |
| 2 | Schöner Wohnen DurAcryl Professional, Weißlack, extra PU-verstärkt | Polyacrylat-Dispersion | Polyacrylat-Polyurethan-Dispersion, Titandioxid, Füllstoffe, Wasser, Glykolether, Additive, Methyl- und Benzisothiazolinon |
| 3 | Kreidezeit Standölfarbe, weiß | Leinöl | Leinölstandöl, Holzölstandöl, Balsamterpentinöl, Zinkweiß, Talkum, Kieselsäure, bleifreie Trockenstoffe |
| 4 | Schöner Wohnen ProfiDur, Buntlack, hochglänzend, aromatenfrei | Alkydharz | Titandioxid, organische und anorganische Pigmente, Calciumcarbonat, Silikate, Isoparaffin, Glycolether, Additive |
| 5 | Schöner Wohnen, Polyurethan-Möbel-Klarlack, seidenmatt | Polyacrylat-Polyurethan-Dispersion | Siliciumdioxid, Wasser, Glycolether, Additive |

Tabelle A.1.: Lacke der Coatings und ihre Inhaltsstoffe.

## A.2. Polymere

| Name | Anwendung | Genauere Beschreibung |
|---|---|---|
| Polyethylen (PE) | Folien, die in Versuch 3.2.1. beschichtet wurden | Thermoplast, teilkristallin, fest; Dichte: **PE-LD**: 0,92 g cm$^{-3}$, **PE-HD**: 0,96 g cm$^{-3}$, **PE-LLD**: 0,918 bis 0,935 g cm$^{-3}$; Schmelzpunkt: **PE-LD**: 105 bis 110 °C, **PE-HD**: 130 bis 135 °C, **PE-LLD**: 122 bis 124 °C (nach [8]) |
| Polyacetal (POM) | Spritzgussform für Versuch 3.2.4. | Thermoplast, weiß, teilkristallin, fest; Dichte: 1,41 bis 1,42 g cm$^{-3}$; Schmelzpunkt: 164 bis 175 °C (nach [8]) |
| Polytetrafluorethylen (PTFE) | Innenschlauch, der für Versuch 3.2.2. beschichtet wurde | **Rotilabo®-PTFE-Schläuche** Art.-Nr. 1179.1; Temperaturbereich von −200 bis +260 °C, starr, antiadhäsiv, mit geringer Wasseraufnahme, chemikalienfest, gasdurchlässig. Autoklavierbar. |
| Polyurethan (PU) | Material, aus dem Katheter in Versuch 3.2.4. gegossen wird | Angemischt aus den Komponenten: **Desmodur®15S27** als Prepolymer; **1,4-Butandiol Baytec®XL B** als Vernetzer; Dichte: 1,05 bis 1,20 g cm$^{-3}$; Schmelzpunkt: 80 °C (nach [6] S.221) |
| Polyvinylchlorid (PVC) | Außenschlauch in Versuch 3.2.2. | **Rotilabo®-PVC-Schläuche** Art.-Nr. XX05.1; Temperaturbereich von −20 bis +60 °C, flexibel, voll transparent. Shore Härte A: 75°. DEHP-frei. |

Tabelle A.2.: Die verwendeten Kunststoffe der Versuchsreihen in alphabetischer Reihenfolge.

## A.3. Laborzubehör

| Name | Hersteller | Maße/Beschreibung |
| --- | --- | --- |
| BioVortexer (Handrührer) | BiospecProducts | |
| Cyanacrylat-Klebstoff | Scotch Weld | SF 100 |
| Einwegpasteurpipetten, unsteril, graduiert, groß | Roth | Füllvolumen: 5 ml; Länge: 217 mm |
| Einwegpasteurpipetten, unsteril, graduiert, klein | Roth | Füllvolumen: 0,3 ml; Länge: 116 mm |
| Multi-Sicherheitsreaktionsgefäße (Eppendorf-Gefäße) | Roth | Füllvolumen: 0,65 ml; Nennvolumen: 0,5 ml |
| Nadir®-Dialysierschläuche | Roth | Mittlere Porengröße: 25 bis 30 Å; Gesamtporenfläche: ca. 6 %; Wasserdampfdurchlässigkeit (DIN 53122): 1000 $\mathrm{mg\,m^{-3}}$ bei 20 °C und 85 % rel. Feuchtedifferenz |
| Objektträger, geschnitten mit Mattrand | Roth | Stärke: 1 mm; Länge: 76 mm; Breite: 26 mm |
| Pinsel | Swingcolour | Stärke: 8 |
| Probenröhrchen | Roth | Höhe: 32 mm; Durchmesser: 22 mm; Volumen: 7 ml |
| Rotilabo-Gummiwischer (Spachtel), spatenform | Roth | Breite oben: 36 mm; Breite unten: 25 mm; Länge: 32 mm; Stärke: 2 mm |
| Rotilabo®-Weithalsbehältern, PVC klar | Roth | Quadratisch. Schraubverschluss aus PP mit PE-Schaumeinlage. |
| Rotilabo®-Zentrifugen-Röhrchen, mit Rundboden | Roth | Aus Polypropylen. Transparent. Zentrifugierbar bis 3500 g. Autoklavierbar. |
| Silikonfett, farblos | RS | Betriebstemperatur max.: +200 °C; Betriebstemperatur min.: −50 °C |
| Skalpell, steril | Braun | |
| Schleifpapier | Bauhaus | Körnung: 600 |
| Spectra/Gel® | Absorbent | granuliertes Pulver; weiß; Körnung: 100 bis 800 µm |
| Trockenschrank | Memmert | |

Tabelle A.3.: Laborequipment in alphabetischer Reihenfolge.

## A.4. Trockenzeit der Coatings

| Coating Nr. | Trockenzeit |
|---|---|
| 1 | 45 min |
| 2 | 1 h 15 min |
| 3 | 23 h 15 min |
| 4 | 22 h 15 min |
| 5 | 19 h 45 min |

Tabelle A.4.: Trockenzeiten der einzelnen Coatings

## A.5. Haftungs-Bewertungsskala der Coatings

| Haftung | Beschreibung | Wertung |
|---|---|---|
| Sehr guter Halt | Kratzer sind nur schwer zu erkennen, kein Abblättern des Lackes | 1 |
| Guter Halt | Kratzer sind zu erkennen, kein Abblättern des Lackes | 2 |
| Mittelmäßiger Halt | Kratzer sind deutlich zu erkennen, Ausfransen der Einschnittkanten | 3 |
| Schlechter Halt | starkes Ausfransen und Abblättern des Lackes | 4 |
| Kein Halt | Lack blättert komplett ab | 5 |

Tabelle A.5.: Bewertungseinteilung der Haftung der Coatings sowie der puren Lacke auf PE-Folien.

# B
# Technische Zeichnungen

## B.1. Bauelement 1 (Linke Seite des inneren Zylinders)

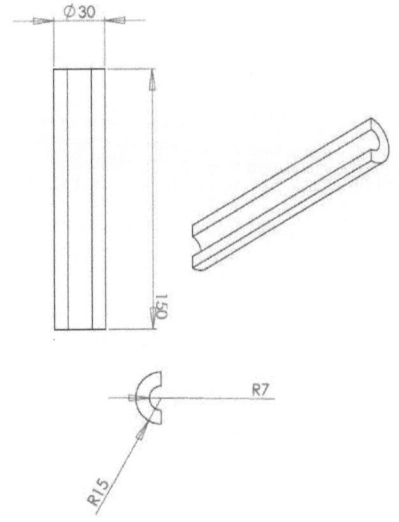

Abbildung B.1.: Bauelement 1 der Spritzgussform aus POM. Alle Angaben in mm.

Anhang B. Technische Zeichnungen

## B.2. Bauelement 2 (Rechte Seite des inneren Zylinders)

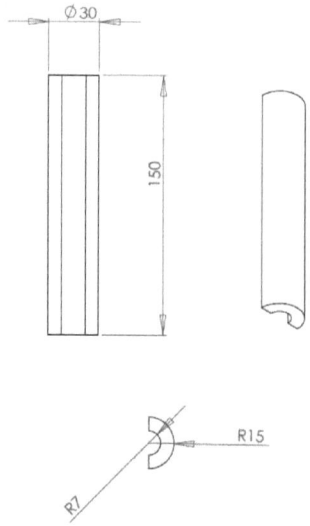

Abbildung B.2.: Bauelement 2 der Spritzgussform aus POM. Alle Angaben in mm.

## B.3. Bauelement 3 (Äußerer Zylinder)

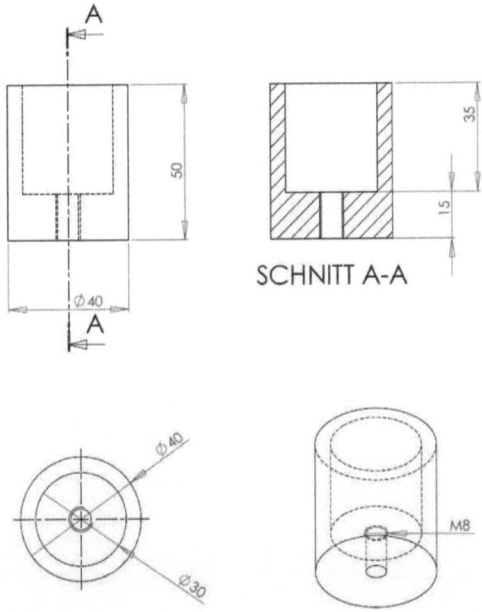

Abbildung B.3.: Bauelement 3 der Spritzgussform aus POM. Alle Angaben in mm.

## B.4. Bauelement 4 (Innenstift)

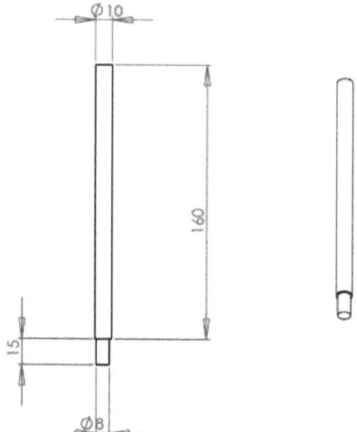

Abbildung B.4.: Bauelement 4 der Spritzgussform aus POM. Alle Angaben in mm.

## B.5. Bauelement 5 (Deckel)

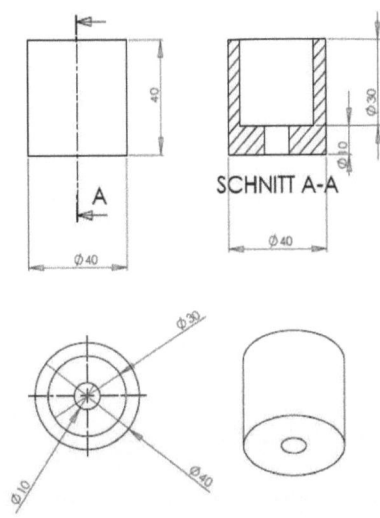

Abbildung B.5.: Bauelement 5 der Spritzgussform aus POM. Alle Angaben in mm.

Wir verlegen Ihre wissenschaftlichen Schriften

Bachelor- und Masterarbeiten,
Dissertationen und Habilitationen,
Monografien und Tagungsbände, etc.

Kostenlose Verlegung als Buch mit ISBN-Nummer
und Aufnahme in die Deutsche
Nationalbibliothek

Hochwertiger Buchdruck in nachhaltiger
Produktion (FSC-zertifiziert)

Günstiger Bezug von Autorenexemplaren
Weltweite Präsenz Ihres Werkes bei den
großen Händlern: Amazon, Thalia,
Hugendubel, Barnes & Noble u.v.m. sowie
optional als eBook

## www.infinite-science.de/publishing

Infinite Science GmbH
MFC 1 | BioMedTec Wissenschaftscampus
Maria-Goeppert-Str. 1, 23562 Lübeck
book@infinite-science.de